"十三五"国家重点图书出版规划项目
改革发展项目库2017年入库项目

"金土地"新农村书系·**特种养殖编**

蝇蛆
生态养殖技术

李顺才　杨菲菲　吉志新／编著

U0343334

SPM 南方出版传媒
广东科技出版社｜全国优秀出版社
·广　州·

图书在版编目（CIP）数据

蝇蛆生态养殖技术 / 李顺才，杨菲菲，吉志新编著．—广州：
广东科技出版社，2018.6
（"金土地"新农村书系·特种养殖编）
ISBN 978-7-5359-6858-6

Ⅰ．①蝇… Ⅱ．①李… ②杨… ③吉… Ⅲ．①蝇科—蛆—养殖
Ⅳ．① S899.9

中国版本图书馆 CIP 数据核字（2018）第 017220 号

蝇蛆生态养殖技术
Yingqu Shengtai Yangzhi Jishu

责任编辑：罗孝政
封面设计：柳国雄
责任校对：陈　静
责任印制：彭海波
出版发行：广东科技出版社
　　　　　（广州市环市东路水荫路 11 号　邮政编码：510075）
http：//www.gdstp.com.cn
E-mail：gdkjyxb@gdstp.com.cn（营销）
E-mail：gdkjzbb@gdstp.com.cn（编务室）
经　　销：广东新华发行集团股份有限公司
排　　版：创溢文化
印　　刷：珠海市鹏腾宇印务有限公司
　　　　　（珠海市拱北桂花北路 205 号桂花工业区 1 栋首层　邮政编码：519020）
规　　格：889mm×1 194mm　1/32　印张 4.625　字数 120 千
版　　次：2018 年 6 月第 1 版
　　　　　2018 年 6 月第 1 次印刷
定　　价：16.00 元

如发现因印装质量问题影响阅读，请与承印厂联系调换。

内容简介
Neirongjianjie

　　本书共六部分，系统介绍了蝇蛆的生态养殖技术，包括蝇类概述、家蝇的生物学特性、蝇蛆养殖场地的选择与常用设备、家蝇的营养与饲料、蝇蛆的规模化生产、蝇蛆产品的开发与综合利用。本书内容翔实，实用性强，适合准备或正在养殖蝇蛆的广大农户和技术人员参考使用。

　　人类进入 21 世纪后，蛋白质的短缺，越来越显现出来。对畜牧业来说，动物性饲料蛋白是制约畜牧业发展的关键因素。我国畜牧业目前正处于一个迅速发展的时期，对动物性蛋白饲料的需求量愈来愈大。传统的饲料蛋白来源主要是动物性鱼粉、肉骨粉和微生物单细胞蛋白，但对来自于昆虫的蛋白质尚未得到广泛应用。挖掘新的生物资源，发展特种养殖业是缓解供需矛盾的重要途径。

　　蝇类是双翅目环裂亚目昆虫的通称。蝇类是一类体型粗壮、多毛、小型至中型的昆虫，其幼虫统称为蛆。蝇蛆的开发及利用研究一直是国内外学者的关注热点，其开发利用在我国有悠久历史，早在明朝李时珍《本草纲目》中就有大头金蝇幼虫的药用记载，以后《滇南本草》《东北动物药》《中药动物药志》《中华本草》等均有记载。我国江浙一带药房中出售的八珍糕内即含有蝇蛆，是治疗儿童积食不消的良药。我国西南的珍贵食品"肉芽"就是蝇蛆，是历史悠久的传统食品。20 世纪 60 年代，许多国家相继以蝇蛆作为优质蛋白饲料进行了研究开发。1983 年 6 月 30 日，著名经济学家于光远的"笼养苍蝇的经济效益"一文在《人民日报》发表后，将我国蝇蛆养殖推向了高潮。

进入 21 纪以来，有关单位在家蝇繁殖生物学的研究基础上，系统研究了家蝇幼虫配合饲料、试验种群生命表、培养基质利用率、剩余培养基再利用及蝇蛆养殖技术系统优化设计与工厂化生产有关的技术，保证了蝇蛆生长的持续高产、稳产和鲜蛆原料的标准化，为产品的开发奠定了基础。特别是近年来有关蝇蛆养殖和产业化的报道多次出现在有关媒体，使蝇蛆养殖与利用再度引起人们的广泛关注。目前，政府和有关专业技术部门高度重视昆虫资源开发与利用的产业化问题。通过有效推进蝇蛆资源的产业化进程，以大专院校、科研单位及相关开发机构为依托，以关于蝇蛆养殖与开发研究的一系列成果为基础，以农业产业结构调整为契机，结合社会主义新农村建设的大好形势，一个崭新的蝇蛆产业正在蓬勃兴起。为了适应蝇蛆养殖技术的发展，满足广大读者的需求，编者参阅大量的蝇蛆养殖最新资料，结合我们实践编写了《蝇蛆生态养殖技术》一书，以供广大养殖户及有关人员参考。本书在编写过程中得到许多同仁的关心和支持，并且在书中引用了一些专家学者的研究成果和相关书刊资料，在此一并表示感谢。在编撰过程中，虽经多次修改和校正，但由于作者水平有限，时间紧迫，不当和错漏之处在所难免，诚望专家、读者提出宝贵意见。

目录

一、蝇类概述 **001**

（一）蝇类简介 002

1. 何为蝇类 002

2. 常见蝇类 002

3. 蝇类与人类的关系 009

（二）蝇蛆的经济价值 012

1. 作为饲料或饲料添加剂 013

2. 医疗及药用价值 013

3. 工业利用价值 015

（三）蝇蛆研究开发的历史与现状 016

（四）蝇蛆开发利用前景 017

二、家蝇的生物学特性 **021**

（一）家蝇的生活史 022

（二）家蝇的外部形态与内部结构 022

1. 外部形态 022

2. 内部结构 029

（三）家蝇的生活习性 030

1. 成蝇的生活习性 030

2. 幼虫的生活习性 034

3. 蛹 034

4. 寿命 035

1

（四）家蝇对生态环境的要求 ……………………………… 035

    1. 滋生地 ……………………………………………… 036

    2. 家蝇的季节消长 …………………………………… 038

    3. 家蝇的越冬 ………………………………………… 038

    4. 温度对家蝇的影响 ………………………………… 040

    5. 湿度对家蝇的影响 ………………………………… 043

    6. 光照对家蝇的影响 ………………………………… 044

    7. 通风 ………………………………………………… 044

（五）家蝇的繁殖 …………………………………………… 045

    1. 性成熟 ……………………………………………… 045

    2. 交配 ………………………………………………… 045

    3. 产卵 ………………………………………………… 046

    4. 孵化 ………………………………………………… 047

（六）家蝇的行为 …………………………………………… 047

（七）家蝇的天敌 …………………………………………… 049

三、蝇蛆养殖场地的选择、养殖方式与常用设备 …………… 051

（一）场地选择 ……………………………………………… 052

    1. 地形地势 …………………………………………… 052

    2. 周边环境 …………………………………………… 052

    3. 土壤 ………………………………………………… 053

    4. 交通 ………………………………………………… 053

    5. 饲料供应充分，水源清洁，电力设备齐全 ……… 053

    6. 蝇蛆销售市场条件 ………………………………… 053

（二）养殖方式 ……………………………………………… 053

    1. 室内养殖 …………………………………………… 054

    2. 室外养殖 …………………………………………… 055

（三）养殖工具与设备 057

    1. 养蛆池 057

    2. 蝇笼 058

    3. 蝇蛆分离箱和蝇蛆分离池 060

    4. 育蛆盘 061

    5. 室外育蛆棚 061

    6. 其他工具 061

四、家蝇的营养与饲料 **063**

（一）家蝇的营养需要 064

    1. 蛋白质 064

    2. 碳水化合物 066

    3. 脂肪 066

    4. 甾醇（固醇、胆固醇） 067

    5. 维生素 067

    6. 矿物质 068

    7. 水 068

（二）家蝇的常用饲料及其营养成分 069

    1. 饼粕类 069

    2. 动物性饲料 071

    3. 谷物类 073

    4. 果渣 074

    5. 糟渣类饲料 075

    6. 多汁饲料 076

    7. 畜禽粪便 076

    8. 添加剂 078

（三）家蝇的饲料配制原则 079

1. 保证饲料的安全性 079

2. 选用合适的饲养标准 079

3. 因地制宜，选择配方原料 079

4. 饲料适口性要好 080

5. 饲料要多样化 080

6. 饲料配合要相对稳定 080

（四）家蝇常用的饲料配方 080

1. 成蝇饲料配方 080

2. 幼虫饲料配方 082

3. 集卵料 084

4. 催卵素 085

五、蝇蛆的规模化生产 **087**

（一）蝇蛆生产的工艺流程 088

1. 优良蝇种的选择 088

2. 饲料成本 088

3. 养殖方式 089

（二）蝇蛆生产的饲养管理原则 090

1. 满足其营养需求 090

2. 注意饲料品质，合理调制饲料 090

3. 合理搭配饲料 090

4. 科学喂水 090

5. 适宜的饲养密度 091

6. 夏季防暑，冬季防寒 091

7. 加强蝇蛆饲养环境条件的控制 091

8. 防逃，防敌害 092

9. 做好生产记录 092

（三）种蝇的饲养管理 092

  1. 将蝇蛹放入蝇笼 093

  2. 环境控制 093

  3. 成蝇饲喂 093

  4. 成蝇饲养密度 094

  5. 蝇群结构 094

  6. 成蝇产卵与卵的收集 096

  7. 家蝇卵与产卵饲料的分离 097

  8. 种蝇的淘汰 098

  9. 用具的消毒处理 098

  10. 废弃物的使用 099

（四）蝇蛆的饲养管理 099

  1. 蝇蛆的发育历期 099

  2. 蝇蛆体重的增长 100

  3. 影响蝇蛆生长发育的主要因素 101

  4. 接卵与孵化 102

  5. 添加饲料 103

  6. 饲养密度 103

  7. 控制环境 103

  8. 蛆的分离回收 104

（五）蛹的管理 105

  1. 蛹的发育历期 105

  2. 留种蝇蛹的选留 105

  3. 蛹的保存 106

（六）种蝇的选育 107

  1. 原种群选择与培育 107

  2. 原种群的保种与扩繁 109

（七）养殖中蝇害的防治 110

    1. 严格管理 110

    2. 做好环境保护 110

    3. 物理防治 111

    4. 化学防治 111

（八）蝇蛆病虫害的防治 111

六、蝇蛆产品的开发与综合利用 113

（一）家蝇的营养价值 114

    1. 蝇蛆中含有丰富的营养成分 114

    2. 蝇蛆中含有多种微量元素 114

    3. 蝇蛆粉含有丰富的必需氨基酸 115

（二）蝇蛆饲料的开发利用 116

    1. 喂鸡、鸭等禽类 117

    2. 喂猪 118

    3. 喂鳖、牛蛙、鱼 118

    4. 喂蝎子 119

    5. 喂其他经济动物 119

（三）蝇蛆蛋白与氨基酸的开发利用 120

    1. 蝇蛆蛋白质的提取 121

    2. 蝇蛆蛋白粉的制作 121

（四）蝇蛆脂肪酸的开发利用 122

（五）蝇蛆甲壳素、壳聚糖的开发利用 122

    1. 蝇蛆甲壳素的制备 123

    2. 用蝇蛆甲壳素制备壳聚糖 124

（六）蝇蛆抗菌肽的开发利用 124

    1. 分类和结构特点 124

2.作用机理 125

3.诱导和活性检验 126

4.应用前景 127

（七）尿囊素的用途及提取 128

（八）蛆虫粪的利用 128

参考文献 130

一、蝇类概述

（一）蝇类简介

1. 何为蝇类

蝇类是双翅目 Diptera 环裂亚目 Cyclorrhapha 的昆虫的通称。蝇类是一类体型粗壮、多毛，小型至中型的昆虫。该类昆虫触角 3 节，具有触角芒，口器为吮吸式。蝇类幼虫称为蛆，头部退化，口钩垂直运动；两端气门式或后气门式；蛹为围蛹，羽化时从蛹的一段环形羽化孔中脱出。蝇类根据额囊缝的有无分为无缝组、有缝组两组。无缝组蝇类头部无额囊缝，新月片无或不清楚，如食蚜蝇科、头蝇科。有缝组蝇类额囊缝存在，新月片清楚。有缝组下又分真蝇派和蛹蝇派。真蝇派下分两类：一是无瓣类，触角第 2 节背侧无纵裂或纵裂不完全，下腋瓣不发达或退化，中胸盾沟不完整，如斑腹蝇科、潜蝇科等；二是有瓣类，触角第 2 节背侧纵裂贯穿全长，下腋瓣一般发达，中胸盾沟完整，仅极少数中断，如蝇科、花蝇科。蛹蝇派蝇类体扁平，头与胸密接，足的基节远离，成虫为蜜蜂、鸟类及哺乳类的体外寄生，胎生，如蛛蝇科等。目前，全世界有蝇类数万种，我国已知有 30 多个科 4 500 余种。常见的蝇类多属蝇科、丽蝇科、麻蝇科和花蝇科等。

2. 常见蝇类

（1）家蝇

属于蝇科蝇属。在人住所中，家蝇约占全部蝇类的 90%。家蝇曾是城市内主要的扰人昆虫和影响公共卫生的问题，目前在有垃圾和腐败的有机废物堆积的地方仍是如此。家蝇体长约 7 毫米。体色为单纯灰黑色，没有其他明显的斑纹或色彩；复眼红褐色。第4纵脉角型弯曲，胸背有4条纵纹（图1）。

图1　家蝇

（2）市蝇

市蝇比家蝇体型稍小，体色稍淡，体长5~6毫米。其复眼亦无毛，中胸盾片仅2条黑色纵条，前胸侧板中央凹陷处无纤毛、腋瓣上肋无前后刚毛簇，第1腹板无纤毛，下侧片在后气门前下方有纤毛，且较家蝇发达。市蝇在我国分布相当广泛，除黑龙江哈尔滨以北地区外，其余各地均有记载，而且以东南部诸省区的种群数量为高。它在家蝇属中与人的关系密切程度仅次于家蝇。

（3）厩腐蝇

又称大家蝇，属于蝇科腐蝇属。体型较大，胸背有2条黑纵纹，其两侧有4块黑斑，小盾片端部呈黄棕色。第4纵脉向上微弯，触角芒为长羽状，分枝到顶。我国除台湾、广西、贵州等省区不详外，其他各地均有分布，种群数量以东北、华北、西北为高。

（4）大头金蝇

又称红头金蝇，属于丽蝇科金蝇属。体大，有亮绿色金属光泽，复眼鲜红色。胸背无黑色纵纹，鬃少，多细毛，两颊部为橙黄色（图2）。分布于辽宁南部及华北、华东、华南各地。大头金蝇可药用，老熟干燥幼虫入药被称为"五谷虫"，具有清热解毒、消积化癖之功效。

图2　大头金蝇

（5）丝光绿蝇

属于丽蝇科绿蝇属。中型种，最大者身长可达10毫米，体色绿，有金属光泽。在绿蝇属内，本种额宽，雄性间额宽约为侧额宽的2倍，雌性额宽大于头宽的1/3，一侧额宽约为间额的1/2，后中鬃3对，前缘基鳞黄色，后胸腹板有纤毛（图3）。它几乎遍布全世界，我国各地都有分布，在北方为主要居住区蝇类，与人的关系密切。

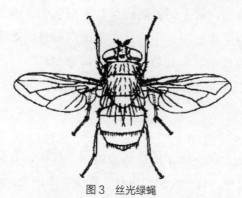

图3　丝光绿蝇

（6）铜绿蝇

属于丽蝇科绿蝇属。中型种，最大者身长可达 8 毫米，体色呈嫩橄榄绿色至青铜色。有金属光泽，外部特征很像丝光绿蝇，主要区别是它的后胸腹板无纤毛；在额的最狭处，雄性侧额约和间额等宽，雌性侧额宽约为间额宽的 2/3；从侧面观，雄蝇腹部在后上方拱起。它的习性与丝光绿蝇相似。铜绿蝇在我国东南方数量较多，最北可分布到辽宁南部，西部高原和西北地区未曾发现。

（7）亮绿蝇

中型种，最大者身长可达 9 毫米，体色青绿，有金属光泽。本种雄性额狭，在最狭处间额存在，后中鬃 2 对，前缘基鳞黑色，腹部各背板无明显的暗色后缘带，雄性第九背板小，黑色（图 4）。以上诸特点可与绿蝇属内其他常见种相区别。本种在我国的分布也很广泛，种群数量以东北、华北为多。

图 4　亮绿蝇

（8）夏厕蝇

属于蝇科厕蝇属。它的外貌比家蝇显得瘦小苗条，身长 4~6 毫米，体色灰黄，特别是腹部在灰黄的底色上有暗色倒"丁"字形斑纹，雄蝇的斑纹更为明显，同时它具有触角芒裸、翅第 3 纵脉与第 4 纵脉平行、第 6 纵脉短等厕蝇属的共同特征，容易与家蝇区分开

（图5）。它在我国广泛分布，在西北、华北、东北种群数量很大。

图5 夏厕蝇

（9）元厕蝇

形态很像夏厕蝇，但体色较灰，雄性腹部有清晰的暗色纵条，雌性纵条不明显，较容易与夏厕蝇相区别。在我国广泛分布，尤以东部和南方各省区种群数量为多，几乎代替了夏厕蝇的位置。

（10）瘤胫厕蝇

本种雄性中足胫节中部腹面有明显的瘤状隆起，在相对应处的中足股节腹面有钝头的刺状鬃毛簇，腹部灰色，各背板也有略呈倒"丁"字形的暗色斑；雌性中足无瘤状隆起，腹部暗灰色，无明显的斑纹，容易与厕蝇属其他种类相区别（图6）。它在我国的分布也很广泛，种群数量则以西北和东北较多。与人的关系较密切。

图6 瘤胫厕蝇

（11）巨尾阿丽蝇

体型大，身长可达 12 毫米，青蓝色，覆薄的淡色粉被。在丽蝇中，巨尾阿丽蝇雄性额宽，约为头宽的 1/7，两性中胸盾片沟前有 3 条明显的黑色纵条，中间一条较宽；雄性尾器特别巨大（图7）。本种在我国，除新疆外，其他省区均有分布，而以东部和降水量超过 500 毫米的地区种群数量大。与人的关系密切。

图7　巨尾阿丽蝇

（12）红头丽蝇

体型大，身长可达 13 毫米，青蓝色，胸部淡色粉被稍浓。与丽蝇属的其他常见种相比，其雄性额略宽，约为头宽的 1/13，颊橙色至红棕色，在口缘处几乎全部红色，两性中胸盾片沟前只有 2 条很细的不很清晰的黑色纵条；雄性尾器不特别大，容易与巨尾阿丽蝇相区别。本种为全北区种类，是我国西北、内蒙古、青藏高原、东北北部和川、滇等地的常见种，较少分布于我国东南部。

（13）乌拉尔丽蝇

大型种，身长可达 12.5 毫米，青蓝色，较暗，胸背部亦覆淡色粉被，颊的前方大部红色，在口缘处约一半为红色，从外观上不容易与红头丽蝇区别，但两者雄性侧尾叶截然不同，红头丽蝇侧尾叶宽、末端圆钝，乌拉尔丽蝇侧尾叶细长而直、末端稍向前钩曲。

乌拉尔丽蝇为旧北区种类，在我国主要分布于新疆、青藏，以及内蒙古、甘肃的西部地区。

（14）伏蝇

中型种，体长可达 10 毫米，体色暗绿，有钝金属光泽，有稀疏黄色粉被，触角大部红色，前中鬃发达，后中鬃最后 2 对发达，后背中鬃有 4~5 个鬃位，上腋瓣上面外方有白色纤毛（图 8）。本种为全北区种类，在我国主要分布于西北、华北、东北，分布的南缘大约在上海、南京、郑州、宜宾一线，它在西北、东北的种群数量大。

图 8　伏蝇

（15）棕尾别麻蝇

属于麻蝇科麻蝇属。中型至大型种，最大者身长可达 13 毫米，体色灰褐，雄额宽约为头宽的 1/6，颊部后方 1/3~1/2 内为白色毛。前胸侧板中央凹陷处有不特别密的黑色纤毛，有时仅 1~2 根，后背中鬃 5~6 个鬃位，尾器棕褐色。本种分布于古北区东部和东洋界、澳洲界。在我国除新疆外，其他各地均有分布。在麻蝇中，它的种群数量无论是在南方或华北都比较高。

（16）黑尾黑麻蝇

中型至大型种，最大者身长可达 14 毫米，体色灰褐，一般较深，后背中鬃3对，等距排列。雄性第5腹板有刷状鬃斑，第7、第8腹节的后缘鬃发达，雌性第6背板比较发达，突出于第5背板后方，侧面可以见到。本种分布于全北界，可进入东洋界的北部，在我国全境都有，而以西北、华北、东北虫口数量大。本种是麻蝇科中比较重要的种类。

（17）红尾拉蝇

小型至中型种，体色黄灰，腹部为棋盘状斑纹，额鬃列的下段走向在雄性中仅稍向外，在雌性中差不多是直的、不向外，后背中鬃3对；雄性小盾端鬃退化，两性尾器均为红色。本种为古北区种类，在华南无分布，在江南各省区也少见，但在云南可常见到，种群数量以西北和东北较大。

除上述蝇种外，在我国东南部城市内特别是绿化带内，瘦叶带绿蝇、狭额腐蝇及黑蝇属蝇类也较常见，北部和西北部则以宽丽蝇、白头麻蝇群的一些种类较为常见。

3. 蝇类与人类的关系

（1）蝇类与疾病

蝇类是我们最熟悉，也是最主要的卫生害虫，对人的危害有以下几个方面：

①机械性传播疾病。蝇类的体表多毛，足部爪垫能分泌黏液，喜在人或畜的粪尿、痰、呕吐物以及尸体等处爬行觅食，极容易附着大量的病原体，又常在人体、食物、餐饮具上停留，蝇类停落时有搓足和刷身的习性，而且边吃、边吐、边拉，因此成为人类疾病病原体的主要机械性传播者。目前，已证实蝇类能携带的细菌有100多种、原虫约30种、病毒20种。机械性传染的疾病中以消化道疾病最为常见，主要发生在夏秋季，重要传播蝇种为家蝇、大头金蝇等。

②引起蝇蛆症。某些蝇类幼期寄生于人、畜活体组织或腔道而引起蝇蛆症，其危害很大，尤其是对畜牧业，如牛皮蝇的幼虫寄生于牛皮下，牛皮因幼虫穿孔以致利用价值降低，同时还会使牛肉的质量下降和产乳量锐减。

③骚扰吸血。吸血蝇有螫蝇、角蝇、血蝇等。主要危害家畜，吸血骚扰可使产肉和产奶量大幅下降，还造成家畜之间的疾病传播，给畜牧业带来严重经济损失。螫蝇数量多时，可在海水浴场侵袭游泳人群，使人难以忍受，在一些地区给旅游业带来麻烦。即便是不吸血的家蝇对人的骚扰也比较明显，如人们休息或午睡时，有一两只家蝇在脸上、手上或腿上爬行，会使人不得安宁。

（2）农林的重要害虫

蝇类中的某些类群如叶潜蝇、果实蝇等幼虫，是农业的重要害虫。花蝇科球果花蝇属的幼虫为害松柏球果，严重影响中国北方地区的造林工作；泉蝇属为害竹笋、菠菜、甜菜等蔬菜作物；蝇科芒蝇属为害稻、粟；潜蝇科为害多种豆科植物；实蝇科的许多种类为害柑橘、梨、桃等。

（3）天敌利用

在综合防治中，捕食性和寄生性双翅目昆虫起着控制和消灭害虫的强大作用。在自然生态系统中，天敌对害虫控制作用达50%以上。许多蝇类可寄生于害虫体内而成为害虫的天敌。寄蝇科、食蚜蝇科、头蝇科、蜣蝇科、斑腹蝇科等蝇类是许多害虫的天敌。如食蚜蝇科、食蚜蝇亚科中的绝大部分类群的幼虫能捕食大量蚜虫、介壳虫、粉虱、叶蝉和蓟马，每头幼虫一生可捕食害虫数百至数千头。由于它们的生活周期短，一年可繁殖数代，所以是一支消灭害虫的有效力量。斑腹蝇科中某些属的幼虫则主要捕食蚜科、蚧科、粉蚧科害虫。

（4）药用昆虫

丽蝇科昆虫大头金蝇及其近缘昆虫的幼虫或蛹壳，在中药学上被称为"五谷虫"。中医学认为，五谷虫味咸、甘，性寒，归脾经、胃经，具有健脾消积、清热除疳等功效，主治疳积发热、食积泻痢、疳疮、疳眼、走马牙疳等。现代研究表明，五谷虫含生物碱、油脂、蛋白质及氨基酸等化学成分，具有平喘等药理作用。

（5）作为科研的模式生物

果蝇是蝇类中一个科，是生物学研究的重要模式生物。果蝇体积小、易操作、饲养简单、成本低、生命周期短、繁殖力强、子代数量多、突变性状明显，便于进行表型分析，有利于一般实验室使用。一百余年的研究积累了很多有关果蝇的知识与信息，制备了大量的突变体。果蝇全基因组约165Mb，编码蛋白的基因有13 600种，约一半蛋白与哺乳动物蛋白有序列同源性。果蝇还携带许多便于遗传操作的表型标记、分子标记或其他特性的特征染色体。超过60%的人类疾病基因在果蝇中有直系同源物，且许多基因、基本的生化途径及信号通路从果蝇到人类都高度保守。果蝇作为模式生物在发育生物学、神经学、人类疾病研究等领域有广泛应用。

（6）检测农药残留程度

利用家蝇对农药的敏感性，以家蝇接触检测蔬菜后的致死程度确定蔬菜食品含毒量的高低，确保了消费者的利益。

（7）法医昆虫学领域的应用

我国宋朝人宋慈所写的法医学《洗冤集录》中有记述刑事主审官通过蝇类集中落在一把作案用的血腥镰刀上确定杀人凶手的案子，被公认为国际上有关法医昆虫学的最早文献记载。蝇类作为法医昆虫学依据的应用主要有：推断死亡时间、分析死亡原因、发现死亡场所、确定尸体的异地移动、推断死亡的季节。由于蝇类数量大，分布广，繁殖快，与人类关系密切，在法医昆虫学领域发挥了巨大作用，解决了许多疑难案件。

（8）作为传粉昆虫

许多食蚜蝇科、花蝇科、蝇科、丽蝇科的蝇类是传粉昆虫，其中食蚜蝇成虫是农作物的传粉昆虫。亦有人在葱、胡萝卜等农作物上做过试验，证明丽蝇的传粉效果好于蜜蜂，而且发现草莓用丽蝇传粉效果最佳，丝光绿蝇经常访苜蓿，在欧洲则常访兰科植物。

（9）生态转化中的利用

蝇蛆具有取食利用粪便腐败物质的特性，可以将畜禽粪便集中收集调制，生产蝇蛆产品，使粪便中的物质能量转化成虫体蛋白质、脂肪加以回收，仅剩余疏松残渣。以猪粪为例：每吨猪粪养家蝇幼虫能够化250~300千克鲜幼虫，折合60~70千克干体，转化率为4.2：1，产值是原料价格的300~400倍。如果将其还原于养殖业，即把产出的幼虫干燥后作为饲料及饲料添加剂，用这些饲料添加剂及饲料再养猪则效益更佳。这种使畜禽粪便资源化、无害化增值利用的生物方法，不仅可以解决污染问题，还能提高养殖业的经济效益。采用蝇蛆处理畜禽粪便技术，可以充分有效地利用粪便中的有机物，消除畜禽业污染，较常规处理方法具有投资少、见效快、工艺简单、操作方便、经济效益显著、环境效益高等明显优势。

（二）蝇蛆的经济价值

蝇蛆蛋白质是优质蛋白，不仅是优质饲料，而且可提取蛋白粉，开发高级营养品、航天食品、药品等。蝇蛆身上可提炼出抗菌活性蛋白、复合氨基酸、蛆油、几丁质等物质，这些物质使苍蝇具有强大的免疫系统抗拒病菌，因而在医药、保健品、化工等领域具有广泛的用途。

1. 作为饲料或饲料添加剂

蝇蛆是优质的动物蛋白饲料。实验证明，用蝇蛆饲喂的许多动物，其增重效果超过著名的秘鲁鱼粉。在同等条件下，可使草鱼重量提高 20.08%；猪的瘦肉率提高 9%，重量增加 7.48%。若每只鸡加 10 克鲜蛆，鸡增重率提高 7.93%，提前产蛋 1 个月，产蛋率提高 10.1%。蝇蛆喂貂，可使貂提前换毛，毛色光滑。喂养蝇蛆的甲鱼增重率比喂鸡蛋黄的高 120.79%。用蝇蛆作饲料添加剂，可明显降低饲料成本和饲料用量，并能提高饲料质量，有很大的优越性，是物美价廉的高能量饲料添加剂。由此可见，用蝇蛆粉作饲料，可提高品质、降低成本，大大提高养殖效益，同时又可缓解当前饲料短缺的压力。与家禽、畜牧场相结合的利用畜牧粪便饲养苍蝇幼虫，规模化生产昆虫营养饲料的生态型饲用昆虫生产线将应运而生，既可解决污染问题，又可使生产营养饲料的生产方式以点带面地得到普及。

2. 医疗及药用价值

（1）利用蛆虫疗法修复感染创面

1931 年，美国的 Baer 首次报道了对蛆疗进行的科学研究，成功地治疗了 89 例顽固性骨髓炎患者。但随着抗生素的问世，蛆疗被逐渐替代。蝇蛆仅仅蚕食腐败组织，对活组织无任何影响。蝇蛆治疗机理复杂，治疗效果良好。蝇蛆容易得到且成本低，但由于人们对蛆虫的日常观念，以及蝇蛆在创面会引起瘙痒不适感，或过敏反应，使部分病人难以接受。近年来由于耐药菌株出现，使人们又重新关注起蝇蛆治疗。因而，近年研究人员致力其分子研究，希望能人工提取或合成其有利于创伤愈合的有效成分。相信随着分子生物学水平的提高及人们观念的转变，蛆虫疗法将为创伤治疗开拓一

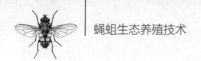

个新的途径。

（2）蝇类虫体的直接利用

早在400多年前的明代，名医李时珍在他所著的《本草纲目》中就有"拳毛倒睫，以腊月蛰蝇干研为主，以鼻频嗅之即愈"的记载。在我国中药当中的五谷虫就是大头金蝇及其近缘种的干燥幼虫，含多种酶类，能清热解毒、消食化滞，可以治疗疳积腹胀、疔疮、褥疮、肌肉溃烂、骨髓炎等症。五谷虫与其他药物配伍，可治疗神昏谵语、小儿病虚疳积等症。在国外，使用最广泛的是20世纪初，人们用消过毒的活蝇蛆来治疗化脓性感染，因蝇蛆可减少细菌群落，除去坏死组织，刺激创伤愈合之功效，故收到很好的治疗效果。现代研究表明，家蝇体内的磷脂具有降血脂、防治心血管疾病等方面的作用。蝇蛆活性粉具有抗疲劳、保护肝脏、增强免疫力等保健功能，可制成蝇蛆保健酒。蝇蛆的氨基酸组成合理，可做药品或保健食品。

（3）虫体提取物的利用

抗菌肽又称抗菌蛋白，能攻击疟原虫、病毒、细菌，其效力比青霉素还高。抗菌肽对癌细胞有杀伤作用，并对人体正常淋巴细胞无任何不良影响，这正是目前的肿瘤化疗药所不具备的特性，英国皇家医学会已将家蝇列为21世纪首选抗癌药物。抗菌肽无致畸变作用，无蓄积毒性，不容易产生抗药性，极有可能在未来成为抗生素以及抗肿瘤药的新来源。抗菌肽还能刺激机体分泌生长因子，有利于伤口的愈合，许多机构正致力于将其开发为新型抗肿瘤和抗病毒制剂。凝集素是一类糖结合蛋白，能专一地与单糖、寡糖结合，具有凝集细胞的作用，可以防御病原体入侵、贮存营养物质、干扰肿瘤细胞的生长。蝇类虫体可诱导产生抗菌肽、凝集素等成分，是一种极其丰富宝贵的自然资源，麻蝇、绿蝇和果蝇等昆虫能产生各种抗菌肽。由于昆虫抗菌肽的活性浓度较低，对许多致病菌，如致病性大肠杆菌、伤寒杆菌、硝酸盐杆菌等具有抗菌作用，而且部分抗菌肽对一些临床耐药致病菌也有良好的抗菌作用。人类真菌病害在目前仍是一个难以解决的问题。20 世纪 90 年代，科学工作者已从麻蝇、果蝇体内分离出抗真菌肽 AFP，抗真菌肽的发现，为该类病害的治疗提供了新的思路。蝇类体液中含有一种外源性凝集素，主要有抗肿瘤作用，在临床诊断和血液学方面也有广阔的应用前景。

3. 工业利用价值

蝇蛹体壳中的几丁质，又称甲壳素，可与人体中有害物质相结合，并能排出体外，使人体处于一种健康的生理状态。在食品方面，具有减肥、降血压、防治心脑血管疾病、糖尿病等作用，可作为功能性食品添加剂。几丁质化学性质不活泼，无毒，耐高温。在医药方面，可用于生产人造血管、皮肤、肾脏、手术缝合线等，还可作为多种药物的缓释剂。在环保方面，可作为絮凝剂、吸附剂，用于污水处理，还可作饮料澄清剂、无毒包装材料等。在农业方面，可作为土壤改良剂、植物生长调节剂，还可用于果蔬保鲜。在日用化工方面，可以制备模材料、日用化学品添加剂、印染和纺织造纸助剂等。当前市场上的甲壳素与壳聚糖均来自于虾、蟹壳，所以原料的供应受到地域和季节的影响，而且虾、蟹壳含钙量高，给提取造成困难。蝇蛆中的甲壳素色素含量低、钙盐含量少、产品得率高，提取的几丁质和几丁糖质量较高，是一类品质极高的壳聚糖资源。如能将蝇类幼虫实行工厂化养殖，可直接以蝇类幼虫作为优质原料，生产各种医用产品。

（三）蝇蛆研究开发的历史与现状

蝇蛆的研究开发在我国有悠久历史，早在明朝李时珍《本草纲目》中就有大头金蝇幼虫的药用记载，以后《滇南本草》《东北动物药》《中药动物药志》《中华本草》等均有记载。我国江浙一带药房中出售的"八珍糕"内含有蝇蛆，是治疗儿童积食不消的良药。我国西南的珍贵食品"肉芽"也就是蝇蛆，是历史悠久的传统食品。

家蝇的开发及利用研究一直是国内外学者的关注热点。20世纪20年代，就有关于利用家蝇幼虫处理废弃物及提取动物蛋白质的可行性的论证报告。1953年中国科学院昆虫研究所和北京大学结合反细菌战立项主持了"家蝇的饲养、家蝇对DDT和666抗药性形成及防治"等研究课题。三年自然灾害期间，中国科学院动物研究所研究开展了以昆虫为代食品的家蝇等昆虫的大量饲养方法的研究。60年代，许多国家相继以蝇蛆作为优质蛋白饲料进行了研究。70年代末80年代初，在我国北京、天津等地曾开展了利用鸡粪饲养家蝇及蝇蛆饲喂家禽的效果试验，特别是1983年6月30日，著名经济学家于光远的"笼养苍蝇的经济效益"一文在《人民日报》发表后，将我国蝇蛆养殖推向了高潮。这些研究与开发，主要是围绕利用蝇蛆处理畜禽粪便来提取再生蛋白饲料，从而作为喂养家禽、珍贵鸟类和名贵水生动物的饲料，在这方面，北京饲料研究所做了大量的调查研究及科学试验工作。随着改革开放的不断深入和科学的不断进步，又掀起了资源昆虫研究和利用的高潮。在家蝇研究开发方面，华中农业大学雷朝亮等应用试验生态学和营养生理学研究方法，深入研究了家蝇的繁殖生物学及其影响因子，掌握了家蝇的产卵节律、成蝇营养、成蝇产卵条件、家蝇营养转化模式、光照对家蝇生长的影响、家蝇幼虫几种矿物营养的最优化平衡及几种添加剂对成蝇的营养效应等。这些研究结果为蝇蛆工厂化生产技术提供了科学资料，对提高商品蛆的产量和品质均具有较重要的作用。此外，在家蝇繁殖生物学研究基础上，它们还系统研究了家蝇幼虫配给饲料、试验种群生命表、培养基质利用率、剩余培养基再利用率及蝇蛆养殖技术系统优化设计与工厂化生产有关的技术基础，为蝇蛆产品化提供了原料保障，对蝇蛆生长的周期性循环起到了调控和指导作用，保证了蝇蛆生长的持续高产、稳产和鲜蛆原料的标准化，为产品的开发奠定了基础。在取得上述研究成果后，在实验室条件下，采用生化提取分析与动物学实验相结合的方法，从蝇蛆蛋白、甲壳素、抗菌肽等方面进行了较为深入的研究，证明了蝇蛆在食用、保健、滋补及药用等方面的价值，并研制出了蝇蛆蛋白、复合氨基酸营养液、五谷虫活性粉、蝇蛆油、几丁质、五谷虫酒、五谷虫胶囊等产品。

（四）蝇蛆开发利用前景

人类进入 21 世纪后，蛋白质的短缺，越来越显现出来。对畜牧业来说，动物性饲料蛋白是制约畜牧业发展的关键因素。我国畜牧业目前正处于一个迅速发展的时期，对动物性蛋白饲料的需求量愈来愈大。传统的饲料蛋白来源主要是动物性鱼粉、肉骨粉和微生物单细胞蛋白。对来自于昆虫的蛋白质尚未得到广泛应用。近年来，由于狂捕、滥捞，加之海洋环境的污染，生态环境的破坏等多种原因，渔业资源受到了严重破坏，捕鱼量逐年下降。世界第一大鱼粉生产国秘鲁 1997—1998 年鱼粉产量已从 1996—1997 年的 210 万吨锐减为 140 万吨，世界第二大鱼粉生产国智利 1997—1998 年的鱼粉产量也仅为 128 万吨。由于世界鱼粉资源衰竭，市场供应趋紧，导致价格不断上涨。肉骨粉极易传带病原，如国际上影响巨大的"疯牛病"和"口蹄疫"即与肉骨粉污染有关。而国际上优质鱼粉的产量每年正以 9.6% 的幅度下降，单细胞蛋白提取成本过高。畜牧业持续、稳定、高效发展，急需寻求新型、安全、成本低廉和易于生产的动物性饲料蛋白。因而，目前许多国家已将人工饲养昆虫作为解决蛋白质饲料来源的主攻方向。在昆虫资源中，以家蝇的开发利用最引人关注。研究表明，蝇蛆蛋白是优质蛋白，粗制的蛆干粉蛋白含量高达 60% 左右，与进口鱼粉相当，但每种氨基酸含量均而高于鱼粉，必需氨基酸的总量是鱼粉的 2.3 倍，蛋氨酸、苯丙氨酸、赖氨酸均比鱼粉高 2.6 倍以上。这是提高家禽的产蛋率、产肉率和增重率，并能降低养殖成本。据报道在鸡饲料中加入 11.3% 的蝇蛆，可节省饲料 40%，降低成本 33%，鸡肉增加 12%；另外实验证明，如果用普通饵料喂养甲鱼其增长率为 173%，同期用蝇蛆喂养增长率高达 235%，以上两例足以于证明蝇蛆被禽畜吸收利用率高，同时也解决了我国特种水产养殖中活饵料的难题。蝇蛆用于甲鱼、螃蟹、肉鸡、猪等所产生的生物效应，远远超出了进口鱼粉。而且，由于蝇蛆内含有抗菌活性物质，可以提高禽畜的免疫力，由此，可减少禽畜饲养中的防病灭菌用药，相应降低了养殖成本。因此，在一定的条件及人为控制下养殖蝇蛆，变废为宝，化害为利，可以有效地缓解当前困扰养殖业的蛋白饲料紧缺和畜禽粪便污染两大难题，既可利用畜禽粪便生产优质动物蛋白饲料，又可将畜禽粪便经蝇蛆生物处理后成为优质有机肥，防止养殖业污染的出现。部分发达国家对几丁质的研究已有多年历史，其用途数千种，已有近百种产品上市并广泛应用。现市场上的几丁质产品一般是从虾、蟹壳中提取的。由于蟹壳中含有大量的石灰质及蜡质，几丁质含量仅 4%~6%，生产工艺较复杂，成本较高。而昆虫体壁石灰质及蜡质含量相对较低，且几丁质含量高，达 20%~40%。现采用生物化学方法对易于工业化饲养的昆虫提取几丁质,再加以脱乙酰基制成水溶性几丁聚糖,其成本相应低于现有市场价很多。以昆虫表皮提取几丁质、几丁聚糖,并以此作为原料开发医药产品、保健品、食品、化妆品、纺织品等产品,将具有巨大的经济效益及社会效益。蛆壳和蛹壳是纯度极好的甲壳素原料。

自20世纪90年代以来,利用昆虫生产饲料、食品、保健品,发展很快。目前除家蚕、柞蚕、蜜蜂可作食用外,新开发的昆虫有无菌工程蝇、黄粉虫、拟黑多刺蚁、胡蜂、蝗虫、蚱蝉等,其中无菌工程蝇和黄粉虫、土元等工厂化人工养殖技术已获成功。以昆虫养殖为基础的养蝎业、养蛙业及相关养殖等也得到迅猛发展。在生产蛋白饲料的基础上进一步生产高蛋白食品和保健食品,以及运用高科技手段开发高利润附加值产品也是一个明显的发展趋势。国内市场上已涌现出许多以昆虫为主的食品、药用保健品。许多餐馆也纷纷打出昆虫菜谱以招引顾客。进入21世纪,昆虫源蛋白将为弥补全球蛋白质资源的短缺做出贡献已成定势。目前,政府和有关专业技术部门高度重视昆虫资源开发与利用的产业化问题。通过有效推进蝇蛆资源的产业化进程,以大专院校、科研单位及相关开发机构为依托,以关于蝇蛆养殖与开发研究的一系列成果为基础,以农业产业结构调整为契机,结合着社会主义新农村建设的大好形势,一个崭新的蝇蛆产业正在蓬勃兴起。

二、家蝇的生物学特性

（一）家蝇的生活史

家蝇是完全变态的昆虫，生活史包括卵、幼虫、蛹及成虫4个时期。卵孵为幼虫，幼虫通常称为蛆。幼虫蜕皮2次，共有3龄，3龄幼虫不蜕皮即前后收缩而变为蛹，由蛹前端开一环裂而羽化出成虫。成虫初出时，两翅尚未展开，只能爬行，过数十分钟翅即展开，开始飞行生活（图9）。由卵到成虫所需时间依温度、食物及种类的不同而异。

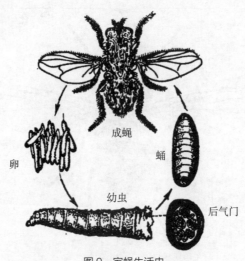

图9 家蝇生活史

（二）家蝇的外部形态与内部结构

1. 外部形态

（1）成虫

成蝇体中型，长6~7毫米，灰褐色，身体可分为头、胸、腹3

个部分。

　　头部略呈半球形，最突出的部分是一对大的复眼，复眼由4 000只小眼组成，能辨别出近距离的，特别是运动的物体。雄蝇的双眼彼此靠近且较大，额宽为一眼的1/4左右，单眼三角与复眼内缘间的宽度只及单眼三角横径的1/2甚至更窄（图10、图11）；雌蝇的两眼间有一定的距离。家蝇头顶部中央有单眼3个，一前两后排列，单眼只能辨别光线的强弱和方向，而不能成像。在两复眼的前方有触角1对，触角芒的上下都有较长的纤毛。成虫口器舐吸式，前端有很大的口盘，能很方便地吸吮浆液等（图11）。

图10　家蝇雄成虫头部

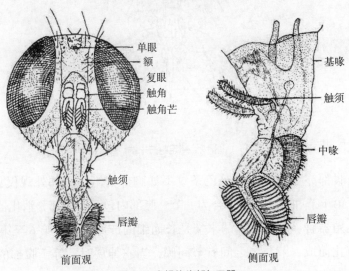

单眼
额
复眼
触角
触角芒

触须

唇瓣

基喙

触须

中喙

唇瓣

前面观　　　　　　　　　侧面观

图11　家蝇的头部与口器

胸部灰褐色，背面有 4 条黑色纵条，胸部着生有 1 对翅和 3 对足，可以说胸部是家蝇的运动中心。胸部由 3 体节愈合而成，分别为前、中、后胸。前、后胸都很小，中胸较为发达，占胸部前面的全部，背面有刚毛、毛和条纹等，中胸和后胸各有气门 1 对，位于胸部的侧面。胸部背侧面有 1 对翅，翅透明，基部稍带黄色；脉序中，第 4 纵脉末端向前方弯曲急锐导致梢端与第 3 纵脉的梢端靠近。腋瓣大，不透明，色微黄。胸部腹侧面有足 3 对。足黑色，末端有爪 1 对、扁爪垫 1 对和刺状爪间突 1 个（图 12）。蝇类很特殊的味觉器官是在它的足部跗节上，这方便它在各处爬行时发现食物。跗节的末端是 1 对爪和 1 对爪垫，依靠爪它能抓着粗糙的表面，而爪垫的腹面由数不清的密毛所覆盖，并能分泌一种黏性物质，家蝇依靠它，可以在光滑的表面（如玻璃、瓷砖）上行走，甚至具有垂直行走和倒立行走的能力。

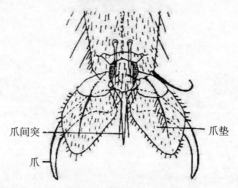

图 12　蝇足跗节末端

　　腹部亦为灰褐色，暗色条纹不如胸部清晰。腹部外观仅见 5 节，第 1 节和第 2 节背板合为一节。腹部内包含了大部分消化器官和生殖器官。雌蝇腹部的末端是长而细的产卵管，为第 6 至第 10 节演化而成，节与节之间有节间膜，当它伸展时，等于腹部的长度，收缩时，一节套入一节，外观仅可看见末端。雄蝇的第 6 至第

8 节演变为外生殖器，平时也缩在体内。

家蝇雌雄分别，一看它们的个体大小：群体中个体较小的一般为雄性，个体较大的一般为雌性；二看它们的肚子：雄性的肚子小而扁，雌性的肚子大而圆；三看它们的屁股：雄性的屁股是圆形的，雌性的屁股是尖形的。

（2）卵

家蝇卵乳白色，微小，呈香蕉形或椭圆形，长 1.25~1.33 毫米，宽 0.26~0.28 毫米，重 0.071~0.076 毫克（图 13）。1 克卵有 13 000~14 000 粒。卵表面略带光亮，前段稍窄，后端稍宽，在卵壳背面有 2 条脊，孵化时幼虫即从此处钻出。卵粒多互相堆叠。卵期的发育时间为 8~24 小时，与环境温度、湿度有关，卵在 13℃以下不发育，低于 8℃或高于 42℃则死亡。在下列范围内，卵的孵化时间随着温度的升高而缩短：22℃时，20 小时；25℃时，需 16~18 小时；28℃时，需 14 个小时；35℃时，仅需 8~10 小时。生长基质的湿度也对卵的孵化率有影响：相对湿度为 75%~80% 时，孵化率最高；低于 65% 或高于 85% 时，孵化率明显降低。

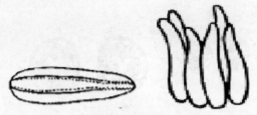

图 13　家蝇的卵

（3）幼虫

家蝇幼虫俗称蝇蛆，有 3 个龄期。幼虫灰白色，无足，体后端钝圆，前端逐渐尖削。蝇类的幼虫连头在内共 14 节，但明显的只有 11 节。初孵幼虫体长约 2 毫米，体重约 0.08 毫克，3 日龄或 4 日龄幼虫体长 8~12 毫米，体重 20~25 毫克。

幼虫头退化，很小，无腿，几丁质较强而常缩入第1胸节。头前端的腹面有两个辨状构造，上有向内的小沟，相当于蝇的小唇，内则即口。二者之间有一舌状几丁质小片，即为下唇。头前面背侧也有两个球状构造，每一球状构造上有两个突，背面的突相当于触角，腹面的突相当于触须，都是幼虫感觉器官。幼虫口钩爪状，在口内有两个钩，左右排列。口钩弯向下后，口钩在后端由口下骨接连于三角形的啄基骨。啄基骨的后方分为上枝及下枝，在下枝的下方即咽，前通于口，后通于食管。幼虫胸部3节相似。腹部共10节，前面的6节相似，第7、第8节居末端而构造特殊。

幼虫以气管呼吸，两端气门式，在胸部第1节的两侧有气门，为扇形，上有指状突，每突之尖处为气门，称前胸气门。腹部第9、第10节居第7、第8节之间，靠腹面有肛门，第8节的末端有气门，左右各一。腹部气门有孔缘及气门裂，孔缘为几丁质构造，气门的内侧在孔缘附近有一小孔为纽扣区，系幼虫蜕皮时留下的原气门的瘢痕，气门在各龄幼虫不同，1、2龄简单，3龄（成熟幼虫）复杂（图14）。

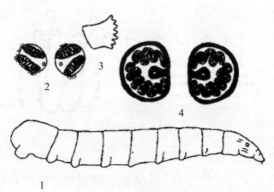

图14 家蝇的幼虫及气门

1.3龄幼虫侧面观；2.2龄幼虫后气门；3.3龄幼虫前气门；4.3龄幼虫后气门

蝇蛆的生活特性是喜欢钻孔，畏惧强光，终日隐居于滋生物的避光黑暗处。它具有多食性，形形色色的腐败发酵有机物，都是它的美味佳肴。幼虫期是苍蝇一生的关键时期，其生长发育的好坏，直接关系种蝇个体的大小和繁殖效率。

蝇类幼虫腹部第8节后侧有后气孔（门）一对，后气孔由气孔环、气孔钮及气孔裂等部分组成。幼虫的后气孔形态是蝇类分类上的重要根据之一（图15）。

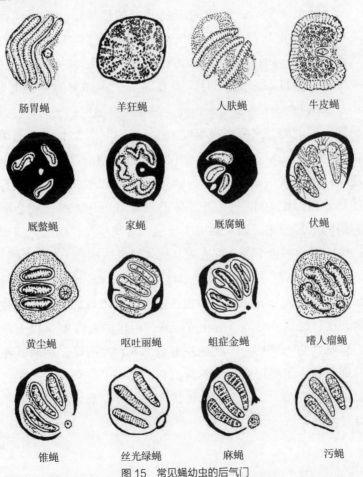

肠胃蝇	羊狂蝇	人肤蝇	牛皮蝇
厩螯蝇	家蝇	厩腐蝇	伏蝇
黄尘蝇	呕吐丽蝇	蛆症金蝇	嗜人瘤蝇
锥蝇	丝光绿蝇	麻蝇	污蝇

图15　常见蝇幼虫的后气门

（4）蛹

家蝇的蛹称为围蛹，系 3 龄幼虫不蜕皮收缩而成。由于蛹仍有末期幼虫的皮，构造基本上与末期幼虫同，因此，在前端有前气门，在后端有后气门。在蛹的第 3、第 4 节之间两侧另有二突起，即蛹之气门，向内接连于中胸气门。蛹大多数呈桶状，约 6.5 毫米长，重 17~22 毫克，初化蛹时为黄白色，后渐变为棕红色、深褐色，有光泽（图 16）。

3 龄幼虫成熟后，即趋向于稍低温的环境中化蛹。但低于 12℃时，蛹停止发育；高于 45℃时，蛹会死亡。在适宜范围内，随着温度升高，蛹期相应缩短。16℃时，需要 17~19 天；20℃时，需要 10~11 天；25℃时，需要 6~7 天；30℃时，需要 4~5 天；在 35℃时，仅需 3~4 天，此为最佳发育温度。蛹的特性是比较耐寒。据试验，家蝇蛹在温度 1℃、环境湿度 85% 的冰箱中冷藏 4 天后返回正常室温，羽化期仅比正常蛹期推迟 1 天；在上述环境下冷藏 3 天，并不会降低其羽化率。据试验，适宜蛹发育的最佳培养料湿度为 45%~55%，高于 70% 或低于 15%，均会明显影响蛹的正常羽化。如果蛹被水浸泡，时间越长，蝇蛆化蛹率越低，蛹的羽化率也下降。有人曾从液体垃圾中捞到 1 000 个蝇蛹，转入干燥环境后，结果一个也未能羽化为成蝇。值得一提的是，如果培养蝇蛆的养分不足，蝇蛆在没有完全发育的情况下而勉强化蛹，这种蛹也一样能够孵化成成蝇，但这种成蝇 95% 以上是雄性，只吃食物不产卵，一星期左右全部死亡。所以，用来留种化蛹的蝇蛆，一定要用充足的养料把它们养得肥肥胖胖，这样它们的雌性比例就越大。只有雌性种蝇多了，产卵量才有保障，产量才会稳定。

图 16　家蝇的蛹

从蛹羽化的成蝇，需要经历静止—爬行—伸体—展翅—体壁硬化几个阶段才能发育成为具有飞翔、采食和繁殖能力的成蝇。

2. 内部结构

（1）消化系统

家蝇消化道的主要部分是自口器到肛门一系列长长的腔道，可分为前肠、中肠、后肠 3 个部分。

前肠的前端为咽，食物经过有滤过作用的唇瓣的拟气管进入中舌和下唇形成的下唇腔（口腔，相当于中喙处）。涎腺开口于它的后端，涎腺分泌涎液进入消化道中。涎液为含有淀粉酶、主要分解碳水化合物的消化液。下唇腔的后方即为咽头（相当于基喙处），其后为食道，食道之后为贲门囊，贲门囊的壁特厚，有类似水泵的作用，与贲门囊相接处有储食囊，囊管开口于此。贲门囊瓣以前为前肠部分，它的内壁都被有几丁质的内膜。

贲门囊瓣以后为中肠，中肠在胸腔的部分管细直而壁薄，在腹腔的部分粗而屈曲，壁也较厚，肠中内壁有一层上皮，有分泌消化液和吸收营养物质的功能，但无几丁质内膜。

中肠之后为后肠，两者相接处有马氏管开口其间，此处又称作幽门。马氏管为两对末端相并合的细长的管子。后肠由较细长的前段（回肠）和扩大的后段（直肠）所构成，回肠与直肠交接处有直肠瓣，后肠的内膜是一层可透水的几丁质。后肠的功能主要为吸收水分，食物残渣通过后肠便成为粪便。直肠有 4 个直肠乳突，一般也认为它和水分的吸收作用有关。

（2）生殖系统

雄性生殖器官的生殖腺是一对睾丸，这是精子发生的场所，睾丸的下方为输精管，两侧输精管在下端合并形成储精管，在储精管的近末端接近阳体的部分有一具水泵作用的射精囊。

雌性生殖器官的生殖腺是一对卵巢，每个卵巢又由大于 100 个相互并列的卵小管组成，每个卵小管可分端丝、端室、滤泡和卵小足等几个部分。每个卵小管中同时可以有数个滤泡，最靠近输卵管的最成熟，而最近端室的滤泡处于最早发育期，每一卵小管每次只有 1 个成熟卵，这个卵产下前，其他的滤泡是停滞在一定发育阶段的。卵巢和一对输卵管相连，输卵管在下端合并为一，它的末端是阴道，在输卵管和阴道交接处有受精囊（通常是 3 个）和一对附属腺开口其间。

（三）家蝇的生活习性

蝇类的生活习性变化很大，成虫与幼虫习性亦有相应的变化。

1. 成蝇的生活习性

（1）食物

蝇类的食性非常复杂，有专门吸吮花蜜和植物汁液的，有专门刺吸动物、人类血液或者主要舔食动物创口血液、眼鼻分泌物的。

蝇类依据成虫食性可分为3大类，杂食蝇类、吸血蝇类和非吸血蝇类。常见的家蝇、大头金蝇、丝光绿蝇以及丽蝇、麻蝇等则是属于杂食性蝇类，即可以取食各种物质，如人的食物，人、畜的分泌物和排泄物，垃圾，以及植物的汁液等。有的种类偏嗜植物性物质，有的则偏嗜荤腥。

家蝇属于非吸血蝇类，食性很杂，能进食各类食品及垃圾、排泄物（包括汗及畜粪），主要食物是汁液、牛乳、糖水、腐烂的水果、含蛋白质的液体、痰、粪等，也喜在湿润的物体如口、鼻孔、眼、疮疖、伤口、切开的肉面及各种食物上寻求食物。总之，一切有臭味的、潮湿的或可以溶解的物质都为家蝇所嗜食。

家蝇取食行为非常有趣，当吸取食物时口器中的唇瓣充分展开。唇瓣的内壁很柔软，能紧密地贴住食物的表面，然后通过内壁上的环沟将汁液吸入。这样不到半分钟，家蝇就能得到一次充分的饱食。对于吸食干燥的物质，如干的血液、糖、痰以及糕饼之类时，家蝇先吐出涎腺的分泌液，或呕出藏于嗉囊内一部分吸食的汁液，即一般所称的吐滴以溶解之，然后再行吸取。家蝇触角上的嗅觉器不灵敏，仅能被较近距离的食物气味所吸引，它凭着视觉进行广泛的探索活动，以寻找食物。家蝇能嗅出发酵与腐烂物质的气味，以及醇类、低级脂肪酸、醛类及脂类（可能包括或不包括"甜味"）。有现象表明，食物中含有糖与淀粉经其他成蝇取食后，吸引力更强。这是由于成蝇取食后的唾液作用，把食物分解为麦芽糖、葡萄糖、果糖等家蝇更喜欢的物质；另外，由于群聚本能，看到其他家蝇取食就聚集上去。家蝇是非常贪吃的昆虫，饱食之后，间隔很短时间（几分钟）即可排粪。由于它吐液、排粪频繁，失水较多，又促使它频繁取食，因而它在人们的食物上边吃、边吐、边拉，会给食物造成严重污染。

从成蝇需要的营养成分来看，家蝇成虫喜欢摄食蛋白质含量高的流质食物，因为水是成虫生存的必要条件。雄蝇仅喂水、糖或其他能吸收的碳水化合物，就能活得很好；雌蝇若仅喂水、糖或其他能吸收的碳水化合物，虽然可以活得很好，但卵巢不能正常发育，也就不能正常产卵（雌蝇产卵需要蛋白质或氨基酸，但无需脂类物质）。只有喂以鸡蛋清或其他蛋白质或氨基酸，卵巢方能正常发育，用蜂王浆喂雌性家蝇，产卵前期缩短，产卵量增加，能促进卵巢充分发育。

人工饲养家蝇的目的就是让其多产卵，多育蝇。因此，食料是非常重要的因素。养好成虫，必须满足蛋白质饲料和能量饲料的供应，因为蛋白质饲料的满足与否直接影响雌蝇卵巢的发育和雄蝇精液的质量，而能量饲料是维持家蝇生长和新陈代谢作用的需要。成蝇营养对成蝇寿命及产卵量均有较大影响。胡广业等用奶粉、奶粉＋白糖、奶粉＋红糖＋白糖／红糖饲喂成蝇寿命较长，可存活50天以上，单雌产卵量分别为443粒、414粒、516粒；单饲白糖、动物内脏、畜粪等成蝇存活时间短，单雌平均产卵量分别为0粒、114粒、128粒。

（2）昼夜的分布

成蝇仅在白天或人工光亮中活动活跃，夜间则停在高处、安全隐蔽、温度较高的地方，如栖息于树上或室内天花板上，气温低时喜群集在温暖的地方。

（3）对光的反应

新羽化的成蝇向上爬（负趋地性），但喜欢暗黑处（负趋光性）。成蝇在光照条件下才取食、交尾、产卵。在27℃以下趋向有阳光处，以取得较好的温度。被干扰的群集家蝇常向光亮方向飞。较老的家蝇喜欢暗黑或在光暗交界处活动。

（4）对颜色的反应

家蝇对颜色的反应有不同的试验结果。用有颜色的表面试验，家蝇常避开光滑而反光的表面。在室内家蝇常喜欢深黑、深红的表面，蓝色次之，但在室外则喜欢黄色及白色的表面而避开黑色的。

（5）栖息地

家蝇常栖息在污水池、厕所、垃圾堆、猪圈、鸡舍、厨房等地。当然，污水池、厕所和厩舍也是蝇科许多种昆虫喜欢选择和栖息的地方。调查表明：在家中所捕集的蝇类中，家蝇占95%~98%。温度、湿度、风、光、颜色及表面活性能影响家蝇的活动与栖息。在温度15~20℃之间，少量家蝇仍留在室外，大部分迁入室内。在夏季温度不高的地方，夜间都在室内停留，如在畜舍内，一部分在天花板上，也有不少在隔板的下部。较热天气，如温度高于20℃，相当数量的家蝇栖息在室外的树枝、电线、篱笆及离地2米以上的挂绳线、纸条等处。家蝇在炎热天气下，白天一般在室外活动或在门户开放的菜市场、加工厂、走廊、商店、旅馆等处活动。气温升到30℃以上，常喜在较阴凉的地方。在较冷的季节尤其是潮湿与有风的天气喜在室内，在农村常集中于畜舍与家畜、粪肥的周围。表面的性质是家蝇选择栖息场所的重要因素，它喜欢在粗面上停息，特别是在边缘上，如无食物引诱，常停留在桌面、天花板、地板等较平的面上。

（6）扩散

家蝇善于飞翔，1小时内可以飞6~8千米，但在通常情况下，它主要在栖息地附近觅食，常在滋生地100~200米范围内活动。在上海市郊区曾用酚酞标记的家蝇作扩散试验，发现一般活动范围为1~2千米。家蝇和其他蝇类的扩散均受到气象因素（主要是风向、风速）、食物、滋生物质的气味以及种群密度等因素的影响，可以从一地迁移到另一地。如果在空旷的地方，一只正在觅食的家蝇能被具有吸引力的物质所吸引而迁飞，所以在环境卫生很差的地方会聚集大量家蝇。另外，由交通工具如汽车、火车、轮船、飞机等携带是家蝇被动迁移的重要原因。

2. 幼虫的生活习性

（1）取食方式

幼虫取食时，先排出唾液（酶类），把各种有机物包括蛋白质分解成各种氨基酸、单糖类等小分子物质，然后吸入体内，再根据其本身的遗传功能，组成体内的各种氨基酸、蛋白质、脂肪等，增长自身有机体。家蝇幼虫是多食性的，许多发酵和腐败的有机物质都可以成为它的食物，如人畜禽粪便、垃圾、酒渣、豆渣等。幼虫非常活跃，喜欢钻来钻去，但其活动范围一般不离开其原产卵场所，有较强的负趋光性，一般群集潜伏在饲料食物表层下 2~10 厘米处摄食。

（2）蜕皮

刚孵化出来的幼虫，体长 1~3 毫米，在饲料充足情况下，最大可长到 1.5 厘米长。幼虫从卵脱壳后，在饲养缸里生长发育，经过两次蜕皮到老熟幼虫需 4~6 天。当温度为 30℃时，1 龄幼虫的生长发育大约需 20 小时，2 龄幼虫约需 24 小时，3 龄幼虫约需 3 天。家蝇幼虫期的长短与温度、营养、湿度密切相关。

（3）喜潮湿

幼虫喜欢潮湿，在湿度 60%~80% 物质中，有各龄期的家蝇幼虫，但在半液体状的人畜粪便中，或含有很多液体的污水坑中，则看不到家蝇的幼虫。

（4）负趋光性

家蝇幼虫怕光，一般钻在饲料中，直到化蛹前才爬到表层。

3. 蛹

幼虫老熟后爬到较干燥的环境中，身体前后收缩变成蛹。化蛹场所一般为幼虫滋生场所附近的泥土中，如果粪便表层干燥，也可于其上化蛹。幼虫化蛹前1~2天，活动量、取食量和体内积存物均迅速地减少，躯体颜色逐渐由灰白色变为米黄色的半透明体，越接近化蛹期，身体透明度越高。蝇蛹在发育过程中，外壳由软变硬，体色变化为乳白色→米黄色→浅棕色→深棕色→褐色，温湿度适宜时即可羽化出成虫。

4. 寿命

家蝇的寿命一般为30~60天，在实验室条件下，最长可达112天。影响家蝇寿命的因素有温度、湿度、食物和水。低温时，家蝇的寿命比高温时长，在越冬条件下，家蝇可生活达半年之久。通常雌蝇比雄蝇寿命长。

（四）家蝇对生态环境的要求

在生态系统中，蝇的幼虫扮演动植物分解者的重要角色。蝇的成虫由于嗜甜物质，因此也能代替蜜蜂用于农作物的授粉和品种改良。影响家蝇生存的环境因素，按其性质可分为两大类：一类是非生物因素，即温度、湿度、光照等气候因素，或称无机因素；另一类是生物因素，即有机因素，主要包括食物（饲料）和天敌及自身密度效应等。其中起主要作用的是温度、饲料和生存密度。创造适宜的环境条件是蝇蛆生产的关键。要想获得最佳的经济效益，不仅要满足蝇蛆生长、发育、生存、繁殖等对环境条件的基本要求，而且要通过不同的环境条件的优化组合，找出最适宜的养殖环境条件以缩短饲养周期、降低饲料成本、减少管理投入，不断提高单位面积产量和综合经济效益。

1. 滋生地

蝇类滋生习性不仅涉及种群的产卵习性和幼虫的食性等自身因素，而且由于地区、季节、场所以及滋生物质的状态（包括它的数量、新鲜程度、干湿、温度、储存状态以及存放场所的环境条件等）的不同而有很大差别。滋生物质是蝇类滋生的基本条件。滋生物质不完全等于蝇类幼虫的食物，它常是食物和其他物质的混合物，也是蝇类幼期（包括卵、幼虫、蛹）的一个栖息环境。滋生物质存在的场所称为滋生场所。在人们的日常生活和生产过程中产生的大量废弃物，如食物残渣、排泄物、分泌物、生产下脚料（渣、糟、骨、毛）、动物尸体和某些产品（羽毛、猪鬃、肠衣、畜皮、腌制品），甚至动植物活的机体等都可成为蝇类幼虫滋生的生活基质。各种蝇类在各类滋生物质中的滋生情况是很不一致的。一般来说，住区蝇类对滋生物质的适应性较强，要求不特别严格。如家蝇幼虫是杂食性的，多生活在粪便、垃圾和有机质丰富的地方，主要食物是液体物质。从不同地区对不同滋生物调查的结果发现，它最喜欢的还是酒糟等发酵的植物质和畜粪，而在人粪和腐败的动物质中也能滋生。在同一种滋生物中，含水量的高低对家蝇的产卵和幼虫的生长发育影响很大，如新鲜猪粪含水量在65%~70%，最适合家蝇滋生，过高或过低都不合适。苍蝇的滋生适应力非常强，蝇类滋生习性较为复杂，其滋生场所相当广泛，通常把常见住区蝇类的滋生场所分为以下五大类，每类又可分为若干类型。

（1）人粪类

分厕所、人粪坑（缸）、人粪肥（粪尿场）、地表人粪块、绿化施肥（如花盆、花坛及苗圃内的沤肥坑）等型。人粪是家蝇的繁殖物，但有些地区（如欧洲北部）人粪不吸引家蝇繁殖。

（2）畜禽粪类

家畜和家禽的粪肥是家蝇最好的滋生地，有粪堆、粪池、粪场、单个粪块等型。根据家畜类别又可分为牛粪（黄牛粪、水牛粪）、猪粪、马粪、羊粪、禽粪（鸡粪、鸭粪、鹅粪）、狗粪、杂粪等。这些粪肥不太潮湿，结构疏松，适合家蝇生长，但家蝇只在家畜排出几天或一周内的粪肥内繁殖，一般不在堆肥内繁殖。不同地区家蝇对不同家畜的粪肥有不同的适应性。例如，奶牛粪在世界各地都是最重要的滋生源，但北欧与西欧家蝇都不在成年牛粪内繁殖；相反，小牛粪是家蝇最好的繁殖物，在北欧农场内小牛栏是家蝇最好的滋生地。猪粪、马粪也是很好的繁殖物，但是容易发酵变质。在猪粪外盖一层奶牛类，可以防止西欧、北欧家蝇的繁殖。在现代养鸡场中，鸡粪也是家蝇重要的滋生物。

（3）腐败动物类

分动物尸体（狗、猫、鼠、鸟、蛇、蛙等），腐肉类（禽肉、鱼肉、鸟肉、脏器、畜皮等），还有蛋品、乳品、腌腊、咸鱼等型。

（4）腐败植物类

分腐败蔬菜、瓜果、畜禽饲料（青饲料、麦麸、豆粕、酒糟等）、酱及酱制品、腌菜缸等型。

（5）垃圾类

分垃圾箱（桶）、垃圾通道、垃圾房（楼）、小型垃圾分拣厂、大型垃圾堆积场，还有混合堆肥、沼气池的进料口、暗沟和明沟的淤泥、泔水缸等型。食品加工后出现的垃圾种类很多，堆积在一起，是家蝇主要的滋生地，水果、蔬菜加工后的残渣也是家蝇的繁殖场所。其他有机肥，如鱼粉、血粉、骨粉、豆饼、虾粉等均是家蝇滋生物。在城乡接合部及农村，作物、蔬菜、杂草堆、腐烂发酵地也是家蝇繁殖的场所。在适合条件下，家蝇能在污水淤渣、结块的有机废料、开放的污水沟、污水池内繁殖。厨房污水渗入土内也

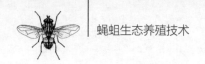

是滋生地。

2. 家蝇的季节消长

蝇类数量在一年中的变化主要因蝇种、地区而异。以家蝇为例，在我国广大温带地区，冬季繁殖停止，死亡率增加，种群密度极低，甚至绝迹。春季来临，随着气温逐渐上升，一般在4月下旬，新的世代开始出现，种群密度开始增加，到夏季逐渐上升形成高峰。在一些地区，此时由于高温多雨或者旱热，造成不利于家蝇滋生的条件，家蝇的种群密度再次下降。而高温多雨之后，秋季到来，家蝇繁殖速率猛增，达到一年的最高峰。以后，随气温的逐渐下降，又进入冬季的低潮。尽管每年的变化会由于自然或人为因素影响而不同，但它随季节而变化的总趋势是一致的。

家蝇在自然条件下，每年发生代数因地而异，在热带和温带地区全年可繁殖10~20代；在终年温暖的地区，家蝇的滋生可终年不绝，但在冬天寒冷的地区，则以蛹期越冬为主。家蝇每年的消长与温度有关系，它能影响发育速度、交配率、产卵前期、产卵与成蝇取食。粪类的发酵温度也是重要因素，热带与亚热带干热季节粪肥的干结，会影响家蝇的繁殖。在大部分温带、亚热带区域，冬天家蝇很少，春季逐渐或突然增多，经夏季到秋季密度下降。在沿海温带气候（西北欧）家蝇的消长与日照时间长短、湿度大小有关系，湿季下降。家蝇在我国大部分地区发生时期为每年的3—12月，但成蝇繁殖盛期在秋季。家蝇在人工控制条件下可以周年繁殖，适温下卵历期1天左右，幼虫历期4~6天，蛹期5~7天；成虫寿命1~2个月。

3. 家蝇的越冬

越冬和夏蛰也是蝇类季节分布的一个方面，住区蝇类很少有真正的滞育，只要有合适的条件，在任何季节它均可滋生繁殖。通常温度是起着决定性作用，由于每个蝇种都有自己适合的发育生长的温度范围，当寒冷的冬季或炎热的夏季等不利于它们生长繁殖的时期来到时，则以休眠度过。此时，虫体在生理上有一系列改变，诸如脂肪、糖类等能量储备物质的积聚，机体代谢速率的降低等。常见的住区蝇类中，在不同地区，不同的种类以不同的虫态越冬，有幼虫、蛹，也有成虫。蝇类越冬方式与当地的气温条件及种类有关，主要受温度和光线两种因素的影响。一般来讲，厕蝇属、黑蝇属、绿蝇属的种类以幼虫态越冬者居多，市蝇、厩螫蝇、丽蝇、麻蝇族的一些种类则以蛹态越冬者居多，厩腐蝇、红头丽蝇、新陆原伏蝇等则以成虫期越冬。

家蝇的越冬颇为复杂，由于我国幅员宽广，南北冬季温差甚大，所以在不同地区，家蝇至少有 3 种不同的方式过冬，既可以蛹态越冬，也可以幼虫和成虫越冬。在华南亚热带地区和一些冬季温暖、平均气温在 5℃以上的温暖带地区，家蝇在冬季仍继续滋生繁殖，不存在休眠状态。在江南地区和华北部分地区，冬季平均气温在 0℃以下，自然界无活动态的家蝇存在，一般均以蛹态越冬，少数地方也能发现蛰伏的雌蝇和被覆盖在厚厚的滋生物质（如畜粪、垃圾等）层下的不活跃的幼虫。在寒温带地区，冬季自然界虽然没有活动态的家蝇，但在人工采暖的室内仍有成蝇活动。蛹或成虫的越冬场所多在滋生地的附近，一般在 3 米的范围内，在离地表面 0.5 厘米深的松土、垃圾的滋生物中越冬，春暖后再发育。成虫越冬多选择温暖场所，静伏不动，春暖时复出。蝇类无论以什么样的虫态越冬，经过漫长的冬季，或多或少都要死亡一些，特别是以蛹态越冬或成虫越冬的种类。由于蝇类的繁殖力非常强，尽管越冬存活的个体数很少，但只要有合适的滋生条件，很快就能够把种群的密度恢复到相当的水平。

4. 温度对家蝇的影响

昆虫正常的代谢过程要在一定温度下才能进行，温度的变化可以加速和抑制家蝇的体内代谢过程，它决定着昆虫生命过程的特点、取向和水平。因此，温度是家蝇进行积极生命活动的重要环境条件之一。家蝇是变温动物，其进行生命活动所需的热能来源，主要是太阳的辐射热，其次是有本身代谢产生的热能，但在很大程度上取决于周围的环境温度。家蝇的活动受温度的影响很大，在4~7℃时仅能爬动；在10~15℃时能爬动和起飞，但不能取食、交配、产卵；在20℃以上它才比较活跃，可进行一切生命活动；在30~35℃时最为活跃；35~40℃时由于过热，反而静止；致死温度为45~47℃。家蝇在温暖的季节里，白昼通常在室外或门户开放的菜市场、食品加工厂、小饭店等处活动；若气温上升到30℃以上，则喜欢停留在较阴凉的地方；在秋凉季节，特别是刮风时则大量侵入室内。温暖的夜晚，相当数量的家蝇栖息在室外的树枝、树叶、电线、篱笆、栏杆等处。若温度下降则侵入室内，常在天花板、电灯挂线、窗框等处栖息。

温度对家蝇生命活动的作用，可以分为致死高温区、亚致死高温区、适温区、亚致死低温区、致死低温区。

（1）致死高温区

在此温区，高温直接破坏家蝇体内酶的作用，甚至会使蛋白质受到不可逆的破坏，家蝇经过较短时间后便死亡。其上限温度为最高致死温度，是理论上的最快致死温度。

（2）亚致死高温区

在此温区，家蝇各种代谢过程速度不一致，从而引起机体功能失调，家蝇的生长发育和繁殖受到明显的抑制。如果高温持续时间较短，温度恢复正常，家蝇仍可恢复正常状态，但部分机能受到损伤；如果高温持续时间较长，家蝇呈热昏迷状态或死亡。家蝇在此温区的死亡取决于高温的强度和持续时间。

（3）适温区

在此温区，家蝇的生命活动正常进行，处于积极状态。因此，此温区又被称为有效温区或积极温区。适温区又可分为高适温区、最适温区和低适温区。

在高适温区，家蝇的发育速度随着温度的升高而减慢。高适温区的上限，称为最高有效温度，达到此温度，家蝇的繁殖力就会受到抑制。

在最适温区，家蝇发育速度适宜，并随温度的升高而加速，繁殖量最大。

在低适温区，家蝇随着温度的下降，发育变慢，死亡率上升，其最低限温度称为最低有效温度，高于此温度家蝇才开始生长发育，所以最低有效温度又叫发育起点温度或生物学零度。

据测定，家蝇卵发育的最低温度为10~12℃，最高生存温度为42℃；幼虫发育的最低温度为12~14℃，最高生存温度为46℃；蛹发育的最低温度为11~13℃，最高生存温度为39℃。人工养殖时，幼虫饲养温度以25~35℃为宜，低于22℃生长周期延长，高于40℃则幼虫会从培养基中爬出，寻找阴凉适温处。

在适温范围内，温度与家蝇生物发育的关系比较集中地反映在温度对家蝇发育速率的影响上，即反映在有效积温法则上。有效积温法则主要含义是昆虫在生长发育过程中必须从环境摄取一定的热量才能完成某一阶段的发育，而且昆虫各个发育阶段所需要的总热量是一个常数。这一法则一般可用下面的公式表示：

$N \cdot T = K$

式中：N 为发育历期即生长发育所需时间（日数或小时），T 为发育期间的平均温度，K 是总积温（常数）。

昆虫的发育都是从某一温度开始的，而不是从 0℃开始的，生物开始发育的温度就称为发育起点温度（或最低有效温度），由于只有在发育起点温度以上的温度对发育才是有效的（C 表示发育起点温度），所以上述公式必须改写为以下公式。

$N(T-C)=K$

式中：C 为发育起点温度；$(T-C)$ 为发育有效平均温度。

昆虫在发育期内要求摄取有效温度（发育起点以上的温度）的总和称为有效积温。

家蝇各虫态发育的发育起点温度和有效积温见表 1。

表 1　家蝇各虫态发育的发育起点温度和有效积温

虫态	起点温度 /℃	有效积温 /（天·度）
产卵前期	14.9	54.9 ± 1.1
卵期	12.1	8.6 ± 0.4
幼虫期	14.2	60.0 ± 0.8
蛹期	12.3	73.3 ± 1.1
世代	13.6	196.4 ± 0.5

根据有效积温法则，可根据养殖场所的温度推算出家蝇各虫态的发育进度和发育历期，也可通过调控温度科学安排每批产品的产出日期。在恒温室（28±1）℃和营养丰富的条件下，家蝇的生活史周期约需两周。在自然界，家蝇生活周期视季节和地区的不同差别很大（表 2）。据广东白水东镇观察，在当地的自然条件下，家蝇生活史周期春季（20.5℃）为 14~18 天，夏季（28.1℃）为 7~9 天，秋季（23.1℃）为 9~15 天，冬季（16.4℃）为 23~29 天。一般情况下每完成一个世代，需要 12~15.5 天。

（4）亚致死低温区

在此温区，家蝇体内各种代谢过程减慢而处于冷昏迷状态，如果维持这样的温度，亦会引起死亡。在这种情况下的死亡决定于低温强度和持续时间。若经短暂的冷昏迷又恢复正常温度，通常都能恢复正常生活。

（5）致死低温区

在此温区，家蝇体内的液体析出水分结冰，不断扩大的冰晶可使原生质受到机械损伤、脱水和生理结构受到破坏，从而引起死亡。

表2　在适宜的营养条件下（猪粪和马粪）温度对家蝇发育时间的影响　（天）

阶段	35℃	30℃	25℃	20℃	16℃	停止发育温度	高温致死温度
卵 E	0.33	0.42	0.66	1.1	1.7	13℃	42℃
幼虫 L	3~4	4~5	5~6	7~9	17~19	12℃	45~47℃
蛹 P	3~4	4~5	6~7	10~11	17~19	12℃	45℃
合计 E+L+P	6~8	8~10	11~13	18~21	36~42		
羽化至开始产卵	1~2	2~3	3	6	9		
卵至下代卵	8~10	10~13	14~16	24~27	45~51		

5. 湿度对家蝇的影响

家蝇主要从环境中摄取水分，而具有保持体内水分避免丧失的能力。但环境湿度、水分、培养基质含水量的变化对家蝇机体起着极其重要的影响。湿度过大或过小都会使蝇蛆的发育历期明显延长，一般以50%~80%为宜，而初孵幼虫和1龄幼虫需要湿度较大，为70%~80%，以后龄期的幼虫所需湿度逐渐变小，末期幼虫饲料湿度保持在50%~60%即可。研究表明，培养基质含水量对家蝇卵的发育影响很大，含水量为60%时，卵期最短为18小时，孵化率最高；幼虫生存的最佳基质含水量为 60%~70%；蛹期的发育对湿度要求较低，以 40%~50% 较为适宜。成蝇以空气相对湿度 50%~80% 为宜。成虫羽化 1 小时后开始饮水和取食，一般断食、断水 2~3 天即全部死亡，生产上常利用此淘汰产卵后的成虫。

6. 光照对家蝇的影响

在自然界，光和热是太阳辐射到地球的两种热能状态。蝇蛆一般隐居于滋生物的里面，很少和光接触。由于长期适应这种生活方式，蝇蛆畏强光，眼已经退化消失。光线过强就会影响其取食和生长发育。因此，蝇蛆养殖室应采取必要的遮光处理，以保证有较为黑暗的条件。

家蝇成虫喜光，喜欢在亮的地方活动，亮度越大其活动量越大。光照过强或过弱对家蝇的产卵历期和产卵量都有显著的影响。试验证明，光照时间越长，家蝇产卵时间越长，产卵量越大，每天光照 8 小时，产卵高峰在 8:00，单雌昼夜产卵量为 16.53 粒；每天光照 16 小时，产卵高峰在 24:00，单雌昼夜产卵量 25.11 粒。因此，在人工养殖条件下，如果养殖室光照不好，应在室内安装日光灯、荧光灯等以及时补充人工光照，保持每天光照 10 小时以上。

7. 通风

养殖室内大量蝇蛆活动会产生大量的有害气体，此外，蝇蛆饲料的发酵也会释放大量的有害和有刺激性的气体，这不仅影响蝇蛆的生长发育，也对管理人员的身体健康和工作效率产生严重的影响。因此，养蛆室通风换气非常重要，如果自然通风不好，要安装排气扇通风。

（五）家蝇的繁殖

成虫期是蝇类的繁殖时期，也是它一生中最活跃的时期，习性也最复杂。从蛹中羽化出来的家蝇体壁柔软，淡灰色，翅尚未展开，额囊尚未缩回。一段时间后两翅方伸展，额囊回缩，表皮硬化而色泽加深，约 1.5 小时或更长时间后两翅能飞动。在气温 27℃左右，羽化 2~24 小时后成蝇开始活动与取食。

1. 性成熟

经过 5 天左右的蛹期，家蝇在蛹壳内各器官发育完全，在额囊的来回膨胀收缩压作用下，蛹壳前端破裂，家蝇从破裂处爬出。刚羽化出来的家蝇体表比较柔软，体躯浅灰色，两翅折叠在背上，只会爬行，不会飞，需要经过翅膀褶皱状态的伸展及几丁质表皮渐渐地变硬和变暗过程。成蝇在羽化地点的地面约停息1.5 小时或更长的时间后，才开始活动。在适宜温度下，雄性家蝇羽化后约 1 天（至少 18 小时）、雌性家蝇则需 30 小时后达到性成熟。

2. 交配

羽化后的成蝇经过 2~3 天，生殖系统发育成熟，雌雄蝇即出现交尾现象。与其他动物相似，在行为上一般雄蝇比较主动，经常可见雄蝇追逐雌蝇，飞到雌蝇背上，尾部迅速接近雌蝇尾部，此时若雌蝇性已成熟，便迅速伸长产卵器插入雄蝇体内，同时雌蝇双翅多呈划桨式抖动，可以认为是雌蝇接受交配的标志。嗅觉、性外激素的刺激和视觉均可能是雌、雄蝇相互接近并进行交配的重要因素。家蝇有效的交配时间约需 1 小时，一对交配着的家蝇可以久停在一处，也可以一同爬行或飞翔。绝大多数家蝇一生中仅交配一次。雄蝇一次有效的交配可将精液全部耗尽，以后就失去性能力。雄蝇的精液能刺激雌蝇产卵。交配后，精子贮存在雌蝇的受精囊中，能保存3周或3周以上，使雌蝇不断发育的卵受精。

3. 产卵

成蝇自蛹羽化后2~12天内交尾，交尾后第二天开始产卵。雌蝇自羽化到产第一批卵的时间（即产卵前期）的长短和温度密切相关。产卵前期自35℃的1.8天到15℃的9天，在15℃以下一般不能产卵。

家蝇多在粪便、垃圾堆和发酵的有机物中产卵，雌蝇很少把卵产在物质表面，一般是产在稍深的地方，如各种裂口和裂缝中。卵多粒粘在一起，成为一个卵团块。家蝇一生产卵4~6次，平均每次产卵100多粒。雌蝇一次交配终生产卵。在产卵过程中，雌蝇如被干扰，每次产一簇。几个雌蝇常将卵产在同一地点。雌蝇产卵时，将其像活塞式的产卵器迅速伸长插入松软的饵料缝隙内，因此卵能得到很好的保护，不易被专以卵为食料的动物和其他昆虫如蚂蚁所发现，同时又能保证蝇卵孵化的温度和湿度，这样很有利于蝇蛆的繁殖生长，这也正是多年来家蝇不易被人类所消灭的一个重要因素之一。家蝇的卵小管总数多达100支，所以每批产卵在百粒左右。实验室饲养的家蝇，1只雌蝇一生能产卵10余批，甚至达到20批，但越往后，每批产卵量越少。在自然条件下，估计每只雌蝇终生产卵4~6批，每批间隔时间3~4天，终生产卵量为400~600粒，最多者可达1000粒。在我国华北，一年内家蝇能繁殖10~12代，保守估算每只雌蝇能产生200个后代，若雌雄比例为1:1，则100只雌蝇经过10代之后，总蝇数可达到

2 万亿只，这是一个极为巨大的数字。因此，在气候适宜、滋生物质丰富的条件下，家蝇的数量可能呈爆发性增长。但由于自然界存在的不利影响因素甚多，如食物不足、气候剧烈变化、天敌以及化学杀虫剂的使用等，它的实际繁殖能力并不像计算结果那样惊人。

4. 孵化

家蝇卵为乳白色，呈香蕉形，长约 1 毫米。卵壳的背面有两条嵴，嵴间的膜最薄，卵孵化时壳在此处裂开，幼虫钻出。家蝇卵的发育最低有效温度为 8~10℃。自卵产出至幼虫孵化出所需的时间为卵期。卵期的长短和温度有关。蝇卵的孵化温度为 15~40℃，35℃时最短，仅需 6~8 小时；当温度为 25℃、湿度为 65% 时，8~12 小时即可孵出幼虫；当温度低于 13℃时，蝇卵停止发育；低于 8℃或高于 42℃时，卵则死亡。另据霍新北报道，在自然变温条件下，家蝇卵发育的起点温度为（13.46 ± 2.5）℃。在腐烂物质堆中，家蝇卵发育时期的长短，因温度不同而有差异，夏天一般经过 8~12 小时即可孵化。湿度对蝇卵的孵化率也有很大的影响。家蝇卵的发育需要高湿，相对湿度低于 90% 的时，孵化率高。

（六）家蝇的行为

家蝇的行为可归为下列 11 类。

（1）飞行

成虫振动双翅飞翔于空中，有两种情形：一种为连续飞行几次，只在附着物上暂停一下；另一种为通过飞行，移动一个位置，然后停下。有时两者交替发生。

（2）爬行

利用腿部的移动比较快速地在附着物上行走。

（3）梳理

梳理是家蝇的一种清洁求适行为。行为模式包括：一对前足相互梳理；用一只或一对前足梳理头部、口器、左中足和右中足；一对后足相互梳理；用一只或一对后足梳理腹部、双翅的上下表面、左中足和右中足。家蝇梳理行为并不是随机发生的，其梳理的先后顺序遵循一定的规律。

（4）摄食

在食物上用头的前下方的舐吸式口器舐食，一般同时伴有爬行、吞吐、梳理、排泄等行为。

（5）饮水

在压实的湿棉花上用口器吮吸水分，有时也会伴有爬行、梳理行为。

（6）排泄

在家蝇摄食后不久或在摄食过程中，腹部微向下，将粪便排出。

（7）静止不动

一种不食不动且不与其他家蝇发生相互作用的类似静休的状态。这种状态可能对于家蝇个体保持、恢复体能，减少消耗，以及重新开始活动有作用。

（8）吞吐

静止状态下的一种口器伸出、缩回的重复动作，有时还可以看到有红色的液体吐出、吸回。

（9）颤动

身体颤动或抖动，分3种情形：第一种为连续颤抖几下；第二种为颤动一下；第三种为原地转动。

（10）交尾

雄蝇飞到雌蝇的背面，雄蝇振动双翅，头部与雌蝇头部相接触，接着雄蝇尾部下弯与雌蝇尾部相接触，如此反复 1~3 次，雌蝇表现为双翅展开与身体呈"十"字形，雌蝇将尾部产卵器插入雄蝇则交尾成功。交配过程中雌蝇大多静止不动，也有不断爬行或不断用后足梳理其腹部或翅膀似试图摆脱雄蝇。由于常有不止一只雄蝇同时而且频繁地试图与同一雌蝇交配，雌蝇有时会带动雄蝇爬行或飞行。从表面上看，吸引雄蝇交尾的雌蝇与其他雌蝇没什么不同，可能它们会释放出某种化学气味诱导雄蝇交尾，并没有发现雌蝇选择雄蝇的现象。交尾接近结束，雌蝇开始不断爬行，有时用后足将雄蝇推开，两者分开时大都直接分开，但有时也持续一段时间，持续过程中雌雄个体尾部相对，身体呈"一"字排开。交尾持续时间一般为 40~50 分钟。

（11）试图交尾

笼养下观察到成虫之间有试图交尾现象：某些雄蝇有交配欲望时，飞到其他个体（雌蝇或雄蝇）背面，形同交尾但不会成功，然后直接分开或者持续交尾 2~3 分钟后分开。估计试图交尾过程是一个相互识别的过程。

（七）家蝇的天敌

家蝇虽然繁殖力强，家族兴旺，但子孙后代有 50%~60% 由于天敌侵袭或其他灾害而夭亡。苍蝇的天敌有 3 类：一是捕食性天敌，包括青蛙、蜻蜓、蜘蛛、螳螂、蚂蚁、蜥蜴、壁虎、食虫虻和鸟类等。鸡粪是家蝇和厩蝇的滋生物，但其中常存在生性凶残的巨螯螨和蠼螋，会捕食粪类中的蝇卵和蝇蛆。二是寄生天敌，如姬蜂、小蜂等寄生蜂类，它们往往将卵产在蝇蛆或蛹体内，孵出

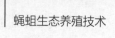

幼虫后便取食蝇蛆和蝇蛹。有人发现，在春季挖出的麻蝇蛹体中，60.4%被寄生蜂侵害而夭亡。三是微生物天敌。日本学者发现森田芽孢杆菌可以抑制苍蝇滋生，我国学者也发现蝇单枝虫霉菌孢子如落到苍蝇身上，会使苍蝇感染单枝虫霉病。凡此种种，都值得蝇蛆养殖者注意。

三、蝇蛆养殖场地的选择、养殖方式与常用设备

（一）场地选择

从宏观上讲，养好蝇蛆要做好三件事：养殖场的规划、蝇种的引进及科学的饲养管理。因此，合理规划养殖场是发展蝇蛆养殖生产的关键之一。在蝇蛆养殖过程中，场址选择要根据蝇蛆生活习性要求，并结合气候条件、经济条件和养殖规模、目的而定。

1. 地形地势

地形地势是指场地形状和倾斜度。蝇蛆养殖场应选择在地形整齐开阔，地势稍高、干燥、平坦、排水良好、背风向阳的地方。场址不宜选择低洼潮湿的地方。南方地区应充分考虑养殖场夏季防洪防涝、排除积水的问题。山区建场，宜选择在稍平缓的向阳坡地，切忌在山顶、坡底、风口、低洼潮湿之地建场。平原地区建场，应选在地势稍高的地方。

2. 周边环境

蝇蛆养殖场周围环境及设备要适合蝇蛆养殖生产，没有"三废"污染和病虫害危害，有利于蝇蛆的生长发育和繁殖，同时要便于养殖场人员管理及相关物资进出，设备要能满足蝇蛆养殖生产要求，并充分考虑到扩大生产规模的需求。温度是蝇蛆养殖的必要条件之一。温度过低，蝇蛆就停止繁殖或进入休眠状态，不食不动。塑料棚只能适用于季节性养殖。要注意当地的常年主导风向，将蝇蛆养殖场设在居民区、畜禽养殖场等的下风侧，以免臭味飘入居民区、畜禽养殖场，影响生活和生产。蝇蛆养殖场必须要远离公共水源地，以免污水渗入地下，造成水质恶化。另外，应特别注意从空间上避开蝇蛆的天敌，如青蛙、蜻蜓、蜥蜴、壁虎和鸟类等，以免遗患无穷。

3. 土壤

场地的土质应为壤土或沙壤土，以便于保持养殖场内干燥。

4. 交通

蝇蛆养殖场位置应选择交通便利、电力充足，距村庄、居民生活区、屠宰场、牲畜市场、交通主干道较远的地方，位于住宅区下风方向和饮用水源地的下方。

5. 饲料供应充分，水源清洁，电力设备齐全

蝇蛆大规模养殖需要大量的饲料，蝇蛆生产性养殖的饲料必须是廉价的废弃物，最好是养殖专业户的鸡粪等。

6. 蝇蛆销售市场条件

目前，蝇蛆产品多作为饲料利用，且其收购部门不多，还没有多少蝇蛆、蛹壳的深加工单位。因此，进行蝇蛆生产性养殖最好具有较为确定的需求单位，最好自家是畜禽养殖专业户，能做到自产自销，用来降低畜禽的饲料成本，提高经济效益。

（二）养殖方式

蝇蛆的养殖方法因饲养规模、饲料、管理水平的不同而异。目前国内各地在养殖实践中创造多种养殖技术，方法有易有难，蝇蛆养殖大体可分为室内、室外养殖两种，室内养殖又可分为笼养、房养两种方式。亦有人根据育蛆饲料的含水多少，将其分为固体饲料养殖和液体饲料养殖类。

1. 室内养殖

（1）房养

这种养殖，可利用废旧房物改建，在室内修建几个简易的养殖池，再在房间内绑一些来回穿插的绳子，苍蝇与蝇蛆同处一室，蝇蛆可用发酵的粪料。这种养殖方式简单实用，投入小，见效快，成本低，效益高。蝇房的具体结构、规模、形状可因地制宜，不强求一致，适用即可。资金充足时，可构建防寒保温室，进行常年性养殖；资金不足时，可搞大棚式的季节性养殖。一般新建蝇房应为一排坐北朝南的单列平板房舍。北面设封闭式走廊，中间有一操作间，前后开门。两边蝇房北面开门，由工作间后门通向走道进入，南面设若干 1.7 米 ×1.8 米的玻璃窗，每间容积 38.5 米^3（2.5 米 ×5.5米 ×2.8 米），根据需要设纱门、纱窗、排风扇和地下火道。这种蝇房空间大小适宜，利用率高，阳光充沛，通风良好。北面的走廊能有效地阻止成蝇外逃，冬季还能缓冲北风侵袭，有利于室内保温。室内池养时，可用火砖在房两侧砌成边高 40 厘米、面积 1.5 米^{2}的长方形池，中间设一人行走道，便于操作管理，适于室内以动物粪便饲养。为适应周年饲养需要，室内育蛆应备有加温、保温设备，如电炉、红外线加热器、油灯等。成蝇房养时，在淘汰成蝇后也应彻底清洗地面及四周壁面，用紫外线消毒 2~3 小时。

（2）笼养

笼养是 20 世纪 80 年代初就开始养殖的一种传统方式，这种方式是把苍蝇放关在笼子里养起来，每天给它喂食喂水，换料，取卵，蛆用麦麸来养，这种养殖方式费时费力，房舍利用率不高，产量低，成本高。但隔离较好，比较卫生，能够创造适宜的饲养条件。

采用笼养，养殖苍蝇和养殖蝇蛆都需要分别占用地方。采用房养需要修建育蛆池，采用笼养需要制作苍蝇笼，需要购买用具（如塑料盆或铁皮箱等），有的为了达到节省投资和自动分离，也要修建育蛆池，在出产量相同的情况下，其投资成本可能比房养更大。笼养苍蝇是让苍蝇在一个非常小的环境内生活，必须使用驯化程度很高的苍蝇种，同时管理必须非常细致，否则苍蝇容易死亡。房养苍蝇由于苍蝇的活动范围大，养殖管理相对可以粗放一些。但不管采用哪种养殖方式，都是应该对技术进行系统学习，并严格按技术操作，否则也很容易失败。

2. 室外养殖

在室外搭一个简易棚，棚内用粪料养蛆，苍蝇可不必单独喂，这种方式养殖有时产量比室内高，但容易影响环境，场地要远离居民区。

（1）室外育蛆池养殖法

在室外开挖浅坑，浅坑面积和数量根据养殖规模确定。坑里铺放厚塑料薄膜建成简易育蛆池，池边撒一些生石灰或草木灰，防止老熟蝇蛆逃跑。有条件者可建水泥育蛆池。为保证连续生产，育蛆池一般每组 8~15 个。池上要搭盖 0.5~2.0 米高的遮阳挡雨棚。使用时每池注入 15~30 厘米深的粪水，投放配制好的畜禽粪便，并在水面上设置 1 个 100~200 厘米^{2}大小的诱虫平台，投放动物腐肉、内脏等引诱成蝇产卵。每 2~3 天将平台上的饲料放入池水中搅动，以把附着在上面的蛆及蝇卵抖落到水中。然后再次诱蝇产卵。一般饲养 4~8 天见到蛆往池边爬时，应及时用漏勺或纱网将蛆捞出，洗净后投喂其他动物。饲养期间要及时补充饲料。

（2）室外土坑养殖法

在田间地头选择背风向阳、地势较高、干燥温暖的地方建造土坑，坑的周围挖排水沟，防止坑内积水。将畜禽粪便、作物秸秆等堆肥材料放入坑内，浇水拌湿发酵后，投入死鱼、动物内脏等腥臭物，引诱成蝇产卵。然后用木板盖好遮光保湿，7~10 天后掀开木板，扒开表面粪层，将家禽赶入坑内采食。然后，再投放腥臭物引诱成虫产卵，可重复 2~3 次。最后将粪肥施到作物田，或将带蛆的粪肥铲进桶内，倒入池塘或水库中喂鱼。

（3）盆缸或桶人工养殖法

此方式适用于小批量生产蝇蛆为畜禽提供鲜活饵料。用塑料、搪瓷盆或缸（图 17）、桶作为养蛆容器，一般直径 60 厘米的盆一个生产周期可生产蝇蛆 1~1.5 千克。在夏秋季，将动物内脏、死动物肉等放在家蝇较多的地方引诱自然界的成蝇在上面产卵，早放晚收，将收集到的蝇卵放入盛有饲料的盆、缸或桶内。用固体饲料时应注意洒水后加盖保湿，以利于卵的孵化。饲养 1~3 天后根据饲料的多少，补投一些液体饲料或配制好的新鲜畜禽粪便等固体饲料，4~5 天后可取蛆投喂动物。为保证不间断生产，可置备 10~15 组盆、缸或桶，按顺序每天使用 1 组，依次轮换下去，周而复始，不断获取新鲜蝇蛆作为畜禽饲料和动物活体饵料。

图 17　蝇蛆饲养缸

（三）养殖工具与设备

室内育蛆的设备可用缸、箱、池、多层饲养架等。室外育蛆主要是建立一个育蛆棚。

1. 养蛆池

养蛆池由外池、投食池、集蛆桶三部分组成（图 18、图 19、图 20）。

（1）外池

砖混结构。长 120 厘米，宽 80 厘米，池壁高 12 厘米。池壁、池底用砂浆抹光滑。

（2）投食池

砖混结构。池底低于外池底 5 厘米，池壁呈斜坡状，四角弧形，池壁上沿距集蛆桶、外池内壁均为 8 厘米，池壁、底用水泥沙浆抹光。

（3）集蛆桶

用内径 13 厘米、高 18 厘米、内壁光滑的塑料桶四个嵌于外池四角，可取出，便于倒蛆，桶外沿与外池底不能有大的缝隙，以免幼蛆爬入。

养蛆池可根据地势和便于操作改变池大小。建造时可连着建数排养蛆池，每两排中间留 120 厘米过道。上搭塑料棚防雨。投食池中可投糊状蛆食 20~30 千克，蛆食不可溢出，以免收取的幼蛆蘸有食渣。高温期定期喷水于蛆食上，防止蛆食表面干。大量幼蛆爬出食堆后应及时清废料，重新投食、投卵。幼蛆集到距集蛆桶上沿 10 厘米时即可收取，以免幼蛆爬出桶外及桶底蛆死亡。收取时，取出集蛆桶，倒出幼蛆即可。日常要保持外池壁干燥，以防幼蛆爬出池外。

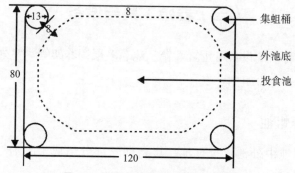

图 18　养蛆池正视示意（单位：厘米）

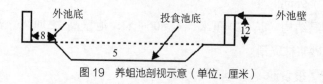

图 19　养蛆池剖视示意（单位：厘米）

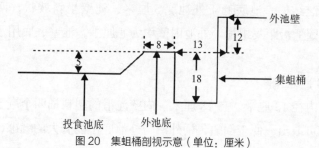

图 20　集蛆桶剖视示意（单位：厘米）

2. 蝇笼

笼养所用的设备比较简单，主要有种蝇笼、产卵缸、饮水缸、饲料盘和笼架。

（1）种蝇笼

种蝇笼的大小依据家蝇的规模来确定。一般用木条、钢筋或铁丝做成 50 厘米 × 80 厘米 × 90 厘米的长方形骨架，在四周蒙上塑料窗纱、纱布或细眼铜丝网。同时，在蝇笼一侧留一个直径20厘米的孔，并接上一个长30厘米的袖，以便喂食和操作（图21）。种蝇笼内，还应配备1个饲料盘、1个饮水缸，产卵时需适时加入产卵缸。蝇笼宜放置在室内光线充足而不直射阳光之处。

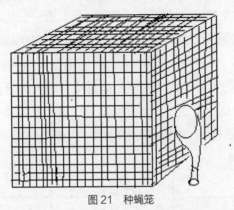

图21　种蝇笼

（2）饲料盘

可用各种盘子（搪瓷盘、塑料盘、玻璃器皿等）内放成蝇饲料，如奶粉和红糖等，可供多数成蝇取食。每1 000只成蝇必须有40厘米^{2}以上的采食面积。

（3）饮水缸

可在每个种蝇笼内放1~2个直径13厘米左右的碟或碗作为种蝇的饮水缸。碟或碗内放1块浸水海绵供家蝇饮水。

（4）产卵缸

产卵缸一般用高3~4厘米的饮水缸，待成蝇羽化为成蝇第4天时每种蝇笼可放入1~2个产卵缸。

（5）笼架

根据种蝇笼的规格、饲养量及养蝇房的大小自行设计笼架。笼架可用木制，也可用钢筋、角铁电焊，尺寸大小以能架起种蝇笼、方便操作即可。为节省空间，一般是几层重叠。需要注意，地面温

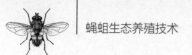

度偏低，笼架上种蝇笼应尽量利用高于地面30厘米以上的空间。

3. 蝇蛆分离箱和蝇蛆分离池

分离箱是用来收集蝇蛆，将蝇蛆从养殖饲料中分离出来。分离箱的大小可以根据饲养规模大小而定，分离箱一般长、高、宽各为50厘米。分离箱通常由暗箱、筛网（8目，用农产品下脚料饲养则用更细的筛网）和照明部分组成，照明部分设有强光或利用太阳光，依据蝇蛆的负趋光性，使蝇蛆通过筛网进入暗箱，达到蝇蛆与养殖饲料的分离（图22）。大规模饲养，可以在室外利用太阳光，用砖砌一个分离池，其原理是相同的（图23）。

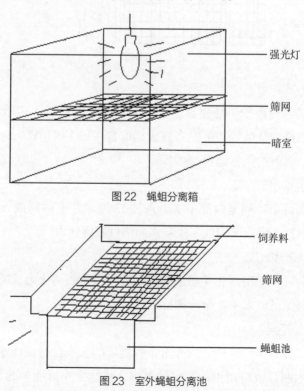

图22　蝇蛆分离箱

图23　室外蝇蛆分离池

4. 育蛆盘

小规模饲养，可以用缸、盘、盆及其他塑料或者木制容器作为育蛆盘，上面应加盖；大规模饲养，可以用普通塑料盆饲养，也可以进行池养，用砖在地面砌成长 1.2 米、宽 0.8 米、高 0.4 米的长方形池，一个挨着一个排成行，池底不宜渗水，无论地上池还是地下池，池壁要用水泥抹实，池口用木制框架布上筛网作盖。如果在室内或者塑料大棚内进行大规模立体饲养（架养），育蛆盘除可用塑料盆外，还可以用铁皮、木板或者塑料制作成长方体箱，上面用活动纱窗做盖。

5. 室外育蛆棚

在室外选择向阳背风且较干燥的地方，挖一个长 4.6 米、宽 0.6 米、深 0.8 米的坑，其上面用竹子、塑料薄膜搭成长 5 米、宽 1.2 米、高 1.5 米的棚盖，北面用塑料薄膜密封起来，南面留有一个小门，便于操作，四周开好排水沟，防止雨水浸入。这种装置适于室外粪便养蛆。

6. 其他工具

铁铲、水桶、干湿球温度计、普通脸盆等。为适应室内育蛆，还应备有加温、保温设备，如电炉、红外线加热器、油灯等。

四、家蝇的营养与饲料

（一）家蝇的营养需要

家蝇和其他动物一样具有摄食、消化、吸收营养物质和排泄废物，以及呼吸、体液循环、维持体温、机体运动等机能活动。在这些机能活动过程中，机体需不断地分解营养物质，以产生生命活动所需要的热能。各种饲料中的营养物质主要包括蛋白质、脂肪、碳水化合物、维生素、矿物质和水等。这些营养物质对有机体的生长、发育、繁殖和恢复以及有机体对物质和能量的消耗，都是不可缺少的。其中，水是生命活动的基本要素；蛋白质、脂肪和碳水化合物是机体能量的来源；矿物质和维生素是维持生命所必需的物质。饲料中这些物质是苍蝇生长、发育和繁殖所需营养成分。家蝇正是靠不断地从吃进饲料，从饲料中补充营养；又不断地随着机体活动的需要将之分解供能，这样周而复始地进行着新陈代谢，维系机体的生命活动。提高家蝇的繁殖力和生产性能，也必须有足够的营养物质。如缺乏某些营养，则雄蝇产生精子的量少，精子活力低；雌蝇卵巢发育受阻或胚胎发育中断导致产仔数降低。即便是优良品质的家蝇，在不良的营养条件下，也会逐步退化。

家蝇所需要的营养物质，按其生理作用与功能，可分为3大类：第一类是用来建造身体和能量来源的有机物与无机物；第二类是用来调节生理功能的辅助物质或附加物质，一般来说没有营养价值；第三类是决定家蝇选择食物和刺激取食的激食物质。对家蝇生长发育和生命活动比较重要的营养物质有蛋白质、碳水化合物、脂类、甾醇、维生素、无机盐和水。

1. 蛋白质

蛋白质是由氨基酸组成的一类数量庞大的有机物质的总称，是一切生命活动的物质基础。蛋白质是组成苍蝇机体的主要成分，在其生命活动中起着决定性的作用。

蛋白质是家蝇身体的基本组成成分，又是家蝇生长发育和生殖所必需的营养物质。蛋白质是机体组织细胞的基本原料，占机体的15%~21%。家蝇机体的最小生命活动单位——细胞（包括细胞膜、细胞质和细胞核）及细胞间各种纤维的主要成分均为蛋白质。新陈代谢过程中一些起特殊作用的物质，如酶、激素、色素和抗体等也主要是由蛋白质构成。家蝇在生命活动过程中增长新的组织、补充旧组织、修复疾病性损伤等都需要蛋白质。蛋白质还可以替代碳水化合物和脂肪产热，充当能源物质，但糖和脂肪不能替代蛋白质的作用。在饲料中碳水化合物、脂肪不足或蛋白质有余时，蛋白质还可氧化产生能量而满足机体对能量的需要。当机体缺乏蛋白质时，家蝇表现为生长缓慢、缺乏活力、蜕皮困难、抗病力降低，易发生感染而导致死亡等，成年雌种蝇则表现为产卵数低等。

尽管蛋白质的化学成分、物理特性、形态、生物学功能等方面差异很大，但这些蛋白质都是由20多种不同的氨基酸分子构成的，因此说氨基酸是构成蛋白质的基本单位。家蝇只能将食物中蛋白质，经消化作用分解成各种氨基酸后，再由细胞内的核糖核蛋白体合成自身的蛋白质。氨基酸按动物的营养需要，通常可分为必需氨基酸和非必需氨基酸。所谓必需氨基酸，指家蝇体（或其他脊椎动物）不能合成或合成速度不能满足机体需要，必须由食物蛋白供给的氨基酸，而对家蝇生长发育又必不可缺的。必需氨基酸大约有10种：精氨酸、组氨酸、异亮氨酸、亮氨酸、赖氨酸、蛋氨酸、苯丙氨酸、苏氨酸、色氨酸和缬氨酸。非必需氨基酸则是指动物体内合成量多或需要量小，不经饲料供应也能满足正常需要的氨基酸。非必需氨基酸不是没有营养意义，可以认为非必需氨基酸是对正常营养的补充，有时会成为决定饲养成败的关键物质。氨基酸的两种异构体中，对家蝇有用主要是 L 型氨基酸，D 型氨基酸对多数昆虫来说是有害的，如丝氨酸 D 型异构体对红头丽蝇有毒。

饲料蛋白质的营养价值主要由饲料中必需氨基酸的组成和含量所决定，即饲料中必需氨基酸含量和各氨基酸的比例越接近家蝇机体的蛋白质必需氨基酸的组成和含量，其饲料蛋白质的营养价值就越高。生产实践中，要根据家蝇的生长和生理阶段有目的地选择饲料，进行合理搭配，是饲料中氨基酸起到互补作用，提高蛋白质的营养价值，提高养殖效益。

2. 碳水化合物

碳水化合物是一类含碳、氢、氧三种元素的有机物，广泛存在于植物体中，主要包括糖、淀粉和粗纤维等。糖类主要供给家蝇生长、发育所需的能量，以及转化成贮存的脂肪，有些糖类则为激食剂。除特殊的糖（如纤维素）以外，通常葡萄糖、麦芽糖和果糖等都容易被家蝇所利用。碳水化合物的营养价值主要取决于多糖及低聚糖能否被家蝇消化和被肠壁细胞所吸收。有些碳水化合物因为有不良味道，而使昆虫拒绝接受，但蔗糖是家蝇喜欢的糖类，因为家蝇有极强的蔗糖酶，故在养殖蝇蛆时常使用蔗糖，较少使用葡萄糖。此外，蔗糖还有刺激家蝇取食的作用。

3. 脂肪

脂肪是饲料中粗脂肪的主要成分。经化学方法分析，饲料中的粗脂肪除脂肪外，还有油和类脂化合物。脂肪是能量贮存的最好形式。单位重量的脂肪含热量高，且同等重量的脂肪比糖所占的体积要小得多。所以，当家蝇摄入的能源物质超过需要量时，家蝇机体将剩余的营养物质转为体内，以便在营养缺乏时分解产能，满足机体的需要。脂肪是机体的重要组成成分之一，参与细胞构成和修复。脂肪是细胞膜的重要成分，缺乏时细胞膜的脂质双层结构会被破坏。同样，受损细胞的修复、细胞的增殖、分裂也需要脂类的参与。脂肪作为有机溶剂，直接影响脂溶性维生素的吸收。此外，家蝇体内贮备的脂肪还具有防御寒冷，减缓震动和撞击等作用。

4. 甾醇（固醇、胆固醇）

固醇类是昆虫生长、发育和生殖必不可少的营养成分，除部分虫种可由其共生生物提供外，一般昆虫不能在体内自行合成，需要从饲料中取得胆固醇，或者将食物中其他的固醇类（如植物性固醇）转变为胆固醇。甾醇对昆虫形成组织结构是必需的，又是蜕皮激素的原料，缺乏固醇会导致家蝇对病原物的抵抗力减弱。

5. 维生素

维生素是家蝇维持生命、生长发育、正常生理机能和新陈代谢所必需的一类低分子化合物。维生素存在于各类饲料或食物中，但含量很少。维生素不能由动物合成或合成的数量不能满足动物所需，必须由饲料供给。维生素既不是能量的来源，也不是构成机体组织的主要物质，但它的作用具有高度的生物学特性，是正常组织发育以及健康生长、生产和维持所必需的。

维生素多是辅酶或辅基的成分，参与家蝇体内的生物化学反应，如果缺乏某种维生素，会使某些酶失去活性，导致新陈代谢紊乱而生长发育不良，甚至表现为疾病。饲料中维生素缺乏或吸收、利用维生素不当时，会导致特定缺乏症或综合征。所以，维生素在家蝇营养上的重要性并不次于蛋白质、脂肪、碳水化合物和矿物质等。实践证明，在家蝇饲料中添加适量的饲用符合维生素可显著提高幼虫的成活率和雌蝇的产卵数及寿命。

按传统的分类法，根据维生素的溶解性不同可将维生素分为脂溶性维生素与水溶性维生素两类。前者包括维生素 A、维生素 D、维生素 E、维生素 K；后者包括 B 族维生素与维生素 C。脂溶性维生素不溶于水，而能溶于脂肪或脂溶剂（如苯、乙醚及氯仿等）中。因此，脂溶性维生素的存在与吸收均与脂肪有关。凡有利脂肪吸收的条件，均有利于脂溶性维生素的吸收。脂溶性维生素可在动物机体内有相当量的贮存。水溶性维生素是指能溶于水的一类维生素，水溶性维生素必须每日从体外获得。

6. 矿物质

家蝇体组织中几乎含有自然界存在的各种元素，而且与地球表层元素组成基本一致。在这些元素中，已发现有 20 种左右的元素是构成家蝇机体组织、维持生理功能、生化代谢所必需的。其中除碳、氢和氮主要以有机化合物形式存在外，其余的通称为矿物质（无机盐或灰分）。矿物质的主要功能有：参加虫体各种生化反应；调节血液及组织液的渗透压，保持离子平衡，保持一定的酸碱度以适应酶系统的活动和生理代谢的需要。为便于研究，将其中占家蝇体重 0.01% 以上的矿物质元素称为常量元素，家蝇体中含量占体重 0.01% 以下的元素称为微量元素。常量元素有钙、磷、钾、钠、氯、镁、硫等，微量元素有铁、硒、铜、锌、钴、锰和碘等。矿物质在家蝇体内多以无机盐的形式存在，也是多种酶系统的重要催化剂，如果缺少某种矿物质元素或元素之间比例不均衡或过量供给某种元素，有可能引起多种疾病。

7. 水

水是家蝇必不可少的营养物质之一，在家蝇的生命活动中具有非常重要的作用。水是家蝇机体的重要组成部分，机体各组织细胞内及细胞间都含有水分。水有调节渗透压和表面张力的作用，这使细胞膨大、坚实，以维持组织、器官具有一定的形态、硬度及弹性，使家蝇体维持正常形态。水是一种理想溶剂，机体的各种生物化学反应、机能的调节以及整个代谢过程都需要水的参与。

家蝇一般不直接喝水，其获取水分的途径主要是通过取食饲料中的水分，所以在饲料中不需要直接给水。一般取食含水量较多的食物时，虫体含水量较高，体表湿润发亮；而取食含水量较少的食物，虫体含水量较低，体表较为暗淡。其次，家蝇还可利用新陈代谢通过体壁或卵壳从环境中吸收水分。家蝇散失水分的途径主要有：通过消化、排泄系统和外分泌腺排出，通过呼吸系统的气体交换作用而失水，通过体壁失水等。家蝇对水分的调节是通过虫体结构、生理和行为活动等方式，如家蝇的体壁构造具有良好的保水机制，消化道后肠中的直肠段可以回收食物残渣和排泄物水分，也可以通过气孔的开闭或改变栖息场地等调节体内水分。

（二）家蝇的常用饲料及其营养成分

凡对家蝇无毒害，能被家蝇采食而能得到营养的物质叫作饲料。饲料是家蝇维持生命、生长发育、生殖的物质基础。

1. 饼粕类

饼粕类是油厂下脚料，含有丰富的蛋白质和能量，它们价格较低，是植物性蛋白质的重要来源，添加到麸皮中能够有效地提高蝇蛆产量。常用的饼粕类饲料有大豆饼（粕）、花生饼（粕）、菜籽饼（粕）、棉籽饼（粕）等。通常将经压榨法的副产物称为饼，而将浸提法或预压浸提法的副产物称为粕。饼与粕相比，后者的蛋白质和氨基酸略高些，而有效能略低些。

蝇蛆生态养殖技术

（1）大豆饼（粕）

是养殖业生产上用量最多、使用最广泛的植物蛋白质饲料，饲喂价值在各种饼粕饲料中最高。大豆饼含粗蛋白42%，大豆粕为50%左右。大豆饼（粕）必需氨基酸组成相当好，尤其是赖氨酸都较其他饼粕高，适于苍蝇后期快速生长的需要。但大豆饼（粕）蛋氨酸相对较低。大豆饼（粕）所含的抗营养因子（与大豆相同），其含量与大豆提取油脂时的水分、温度和加热时间有关。适当的水分和加热时间，有助于消除有害物质，又不破坏蛋白质的营养价值。由于普通加热处理不能完全破坏大豆中的抗原物质，因此饲喂家蝇的饼粕最好经过膨化处理或控制饼粕在饲料中的适宜比例。

（2）菜籽饼（粕）

蛋白质含量为35%~40%，低于大豆饼和花生饼。其必需氨基酸含量和消化率也稍低于大豆饼（粕）。菜籽饼（粕）粗纤维含量较高，是大豆饼的2倍。菜籽饼（粕）含有的多种抗营养因子（如硫葡萄糖苷及其降解产生的多种有毒产物及单宁等）可严重降低饲料的适口性，降低养分消化率。

（3）棉籽饼（粕）

经脱壳取油后的副产品棉籽饼（粕），是重要的植物蛋白质饲料资源（如带壳的棉籽饼则属粗饲料）。棉籽饼（粕）的粗蛋白质含量略低于豆饼，蛋白质中赖氨酸含量较低，精氨酸含量较高，粗纤维比大豆饼（粕）高，因而有效能值低于大豆饼（粕）。棉籽饼（粕）中含有毒的游离棉酚。

（4）花生仁饼（粕）

蛋白质含量38%~44%，比豆饼高3%~5%，粗纤维较低，粗脂肪较高，故有效能值较高。花生仁饼（粕）中精氨酸和组氨酸相当多，但赖氨酸（1.2%~2.1%）和蛋氨酸（0.4%~0.7%）含量低。花生仁饼（粕）很容易发霉，特别是在温暖潮湿条件下，黄曲霉繁殖很快，并产生黄曲霉毒素，这种毒素经蒸煮也不能去掉。因此，花生仁饼（粕）必须在干燥、通风、避光条件下妥善贮存。

2.动物性饲料

动物性蛋白质饲料包括鱼粉、肉粉、肉骨粉、血粉、血浆蛋白粉、蚕蛹、羽毛粉及乳制品等。动物性蛋白饲料蛋白质含量高，多数都在 50% 以上；必需氨基酸含量较多，蛋白质生物学价值较高；不含粗纤维，消化利用率高；矿物质元素丰富，比例平衡，利用率高；维生素丰富，特别是维生素 B_{12} 含量高；一些动物性饲料含有生长未知因子，有利于家蝇生长。所以，品质优良的动物性蛋白饲料是补充饲料中重要的必需氨基酸，同时也是补充维生素、矿物质和某些生长因子的良好来源。

（1）鱼粉

鱼粉蛋白质含量高，必需氨基酸多，生物学价值高，并富含丰富的钙磷和各种维生素（特别是维生素 B_{12}），在动物性蛋白饲料中占据头等重要地位。鱼粉的种类很多，因鱼的来源和加工过程不同，饲用价值各异。进口鱼粉以秘鲁和智利的质量最好。国产鱼粉质量较差，粗蛋白质含量多在 40% 以下，粗纤维含量高，盐分含量也高，应用时要注意添加比例，防止盐中毒。进口优质鱼粉外观呈淡黄色或浅褐色，有点发青，有特殊鱼粉香味，不发热，不结块，无霉变和刺激味；蛋白质含量在 62% 以上，脂肪含量小于 10%，水分含量小于 12%，盐分和沙含量均不超过 1%，赖氨酸含量 4.5% 以上，蛋氨酸含量 1.7% 以上，真蛋白质占粗蛋白质含量的 95% 以上，挥发性氨态氮含量不超过 0.3%。

（2）肉粉与肉骨粉

肉粉与肉骨粉是以动物屠宰场副产品中除去可食部分之后的残骨、脂肪、内脏、碎肉等为主要原料，经过脱油后再干燥粉碎而得的混合物。屠宰场和肉品加工厂将人不能食用的碎肉、内脏等处理后制成的饲料为肉粉；连骨带肉一起处理加工成的饲料为肉骨粉。含磷量在 4.4% 以上的为肉骨粉，在 4.4% 以下的为肉粉。产品中不应含毛发、蹄、角、皮革、排泄物及胃内容物。正常的肉粉和肉骨粉为褐色、灰褐色的粉状物，蛋白质含量在 45%~60%，赖氨酸含量较高，矿物质含量丰富。

（3）动物血粉

动物血粉中含有大量的蛋白质，且对蝇蛆来说适口性很好，如猪血含蛋白质 6% 左右，猪血粉中的粗蛋白含量一般在 90% 以上。但一般动物对动物血的消化吸收率极低，只有 20% 左右，这是制约血粉利用的最大障碍之一，适口性不好是第二大障碍。但蝇蛆可轻易消化吸收利用，将其中的蛋白质转化为动物易消化的动物蛋白。试验表明，在 100 千克养殖蝇蛆的麸皮中添加 40 千克动物血或 10 千克动物血粉，可提高蝇蛆产量 30% 以上。

目前，动物血加工后的血粉分为纯血粉、喷雾干燥血粉、膨化血粉和发酵血粉。纯血粉是煮熟、晾干、粉碎而得，由于破壁技术不好，消化吸收率只有 15%~30%，利用率极低，如果不作其他提高消化吸收率的处理，则它对动物营养的帮助极小。喷雾干燥血粉是质量较好的血粉，如果加工工艺好，血粉破壁率可达 85% 以上，消化吸收率也可达 90% 以上，喷雾干燥血粉蛋白质含量通常在 90% 以上，赖氨酸在 7% 以上，但其成本太高。膨化血粉为纯血粉加入一定载体后经膨化所得，其蛋白质含量比纯血粉稍低，消化吸收率达 70% 左右。发酵血粉是纯血加入菌种发酵所得，如果品质控制得好，可以提高血粉的消化吸收率到 70% 以上，并且适口性也较好，但固体发酵较难的是杂菌的控制，也存在发酵失败的可能，如果杂菌感染，则对品质有较大危害，对饲料卫生不安全。

蝇蛆养殖时，少量利用动物血，可利用健康动物的鲜血。利用动物鲜血时为防止腐败变质，需进行保鲜处理。动物鲜血保鲜方法较简单，可按每 300 千克动物血中添加 1 包粗饲料降解剂、3 千克玉米粉的比例混合搅拌均匀后，密封即可。一般可保存 1 个月。

（4）蝇蛆浆、蛆粉、蚯蚓浆

蝇蛆浆可参照以下配比制作：将分离干净的鲜蛆用高速粉碎机或多用绞肉机绞碎，然后按蛆浆 95 克、啤酒酵母 5 克、自来水 150 毫升、0.1% 苯甲酸钠的比例配制，充分搅拌备用。

（5）牛奶、羊奶

牛奶、羊奶主要用于种蝇的饲养。

3. 谷物类

主要是粮食、油料加工副产品和下脚料，如家蝇爱吃的麦麸、米糠等。

（1）麦麸

是小麦加工面粉时的副产品，产量大。小麦麸的蛋白质含量达 15% 左右，必需氨基酸含量也高于玉米，特别是赖氨酸达 0.57%，B 族维生素含量丰富。小麦麸含磷较多，含钙较少。

（2）玉米

玉米能量高，含粗纤维少，适口性好，易于消化，但蛋白质含量低，仅 8.5% 左右，生产中不能单用玉米喂苍蝇，必须与品质较好的蛋白质饲料和矿物质饲料等搭配一起喂。玉米粗脂肪含量高（为 4%~5%），亚油酸高达 2%，是谷类籽实中最高者。黄玉米所含的黄色色素，不仅可使配合饲料色泽好看，而且其中的 β - 胡萝卜素可转化为维生素 A。

（3）米糠

稻谷的加工工艺不同，可得到不同的副产物，如砻糠、统糠和米糠，只有米糠属于能量饲料。砻糠由谷壳碾磨而成，含有大量的粗纤维和粗灰分（利用率很低），属于粗饲料，营养价值极低。统糠为稻谷碾米时一次分离出的含砻糠、种皮及少量的糊粉层、胚和胚乳的混合物，营养价值介于砻糠和米糠之间，也属于粗饲料。米糠是糙米加工成精米时的副产物，由种皮、糊粉层、胚和少量的胚乳组成，每 100 千克稻谷脱壳可产出米糠 6 千克。米糠含脂肪高（平均为 16.5%），其中油酸及亚油酸占脂肪酸的 79.2%，故其营养价值可与玉米相比。

（4）大豆粉

大豆是含蛋白质、粗脂肪高，粗纤维低的高能高蛋白质饲料，并且赖氨酸含量高，与能量饲料配合使用，可弥补能量饲料蛋白质低、赖氨酸缺乏的弱点。但大豆蛋氨酸含量相对较少，应注意平衡。大豆中存在多种抗营养因子，如胰蛋白酶抑制剂、大豆凝集素、胃肠胀气因子、大豆抗原等。如生喂会造成养分的消化率下降和干扰家蝇的正常生理过程。因此，大豆应熟喂，且用量不宜大。

4. 果渣

罐头厂、饮料厂、酒厂加工后的下脚料——果渣（果核、果皮和果浆等）经适当加工即可作为家蝇的优良饲料（表 3）。

表 3　果渣的营养成分（干物质）

类别	蛋白质 /%	粗脂肪 /%	粗纤维 /%	代谢能 / (兆焦·千克 $^{-1}$)
苹果渣粉	5.1	5.2	20.0	8.151
柑橘渣粉	6.7	3.7	12.7	6.270
葡萄渣粉	13.0	7.9	31.9	7.106
沙棘果渣	18.34	12.36	12.65	–
沙棘籽	26.06	9.02	12.33	–
越橘渣粉	11.83	10.88	18.75	–

5.糟渣类饲料

本类饲料主要是谷实类籽实淀粉生产过程中和酿酒后的副产品，常见的有粉渣、白酒糟、啤酒糟等。

（1）粉渣

粉渣干物质中的主要成分为无氮浸出物，水溶性维生素、蛋白质、钙、磷含量少。鲜粉渣含水量高，由于含可溶性糖，粉渣易发酵产酸，且易被腐败菌和霉菌污染而变质，丧失饲用价值。

（2）啤酒糟

干啤酒糟的营养价值较高，如粗蛋白含量为 20%~32%，粗脂肪含量为 6%~8%，无氮浸出物含量为 39%~48%，亚油酸含量为3.4%，钙多磷少，粗纤维含量为 13%~19%；鲜啤酒糟含水量 80%左右，易发酵而腐败变质。

（3）白酒糟

白酒糟因原料不同和酿造方法不同，营养价值差异较大。但总的来说，粗蛋白、粗脂肪、粗纤维等成分所占比例比原料高，而无氮浸出物含量则比原料低，B 族维生素含量较高。一时喂不完的鲜酒糟应在窖中或水泥地面彻底踩实保存，表层发霉结块部分不能饲喂，以防中毒。若采用酒糟作饵料，必须把酸碱度调至中性，并按1：2 配以麦麸，效果较好。

（4）醋糟

醋糟为米、麦、高粱等酿醋后所余的残渣，含粗蛋白 6%~10%、粗脂肪 2%~5%、无氮浸出物 20%~30%、粗灰分 13%~17%、钙 0.25%~45%、磷 0.16%~0.37%，营养丰富。

（5）酱油渣

酱油渣是黄豆经米曲霉菌发酵后，浸提出发酵物中的可溶性氨基酸、低肽和呈味物质后的渣粕，尽管大多数蛋白质经米曲霉菌发酵，并被提取掉了，但酱油渣中仍然含有较多消化吸收率比较好的蛋白质，营养价值较高。折干物质的酱油渣的营养成分如下：水分12%、粗蛋白质21.40%、脂肪18.10%、粗纤维23.90%、无氮浸出物9.10%、矿物质15.50%。酱油渣虽然蛋白质及脂肪的含量多，但也含有较多的食盐（矿物质含量较高）。

（6）豆腐渣

豆腐渣为制豆腐时滤去浆汁后剩下的渣滓。豆腐渣是膳食纤维中最好的纤维素，被称为"大豆纤维"。豆腐渣含有较丰富的营养物质，其粗蛋白含量可达25%~30%。生豆腐渣中含有抗胰蛋白酶，它能阻碍动物内胰蛋白酶对豆类蛋白质的消化吸收，影响猪的生长发育。因此，在饲喂之前，应加热10~15分钟，把抗胰蛋白酶分解破坏后，才能提高蛋白质的吸收利用率。

6. 多汁饲料

主要指多种瓜类，含水分较多，宜在夏季高温季节投喂，如南瓜、西瓜皮、菜类、甘薯，以及桃、李、梨等水果皮。

7. 畜禽粪便

（1）猪粪

鲜猪粪的含水量大约为81.5%，干物质为18.5%，干物质中有机物占鲜猪粪的15%左右，灰分占3%左右。

（2）牛粪

据研究，新鲜牛粪中含干物质22.56%、粗蛋白3.1%、粗脂肪0.37%、粗纤维9.84%、无氮浸出物5.18%、钙0.32%、磷0.08%。牛粪经发酵后，具有酵母的特殊气味，呈粉末状，可以用在很多动物饲料中。发酵后的牛粪含有粗蛋白30.4%，粗脂肪增加5.1%，粗纤维减少，无氮浸出物降低，营养丰富。饲料牛粪的发酵方法有以下几种：

①用 30% 的牛粪为基料，与 70% 的猪配合饲料混合，然后用培养好的酵母菌按 1∶500 的比例与混合料拌和均匀，加水量以手握指缝有水但不下滴为宜，最后用塑料薄膜封严发酵，发酵时间依温度条件而定。

②在鲜牛粪中按干物质量的 0.5% 加入甲醛溶液（含甲醛 38%~40%），充分混匀，放置 4~6 小时备用。如鲜牛粪中干物质含量按 23% 计，每吨鲜牛粪需加入甲醛溶液 1 150 克。

③备一口发酵缸，将鲜牛粪装缸并加鲜牛粪量 10%~20% 的能量饲料，如麦麸、玉米粉和糖等，加水稀释至黏稠糊状，按天气情况密封发酵 2~5 天即可开缸。

④按方法③加工成黏稠糊状后，按早泡晚饲、晚泡早饲的方式处理，可当日用于饲喂家畜，但需每隔 10~15 天给猪驱虫 1 次。经过上述几种方法的处理后，牛粪就可以用作动物饲料了。

（3）鸡粪

鸡的消化道较短，很多营养成分未得到消化就随粪便排出体外，其消化利用率一般为 35% 左右。鸡粪的营养成分以肉仔鸡的粪便养分最高，后备鸡和产蛋鸡的粪便养分较低，笼养鸡比平养鸡养分含量高。鸡粪中粗蛋白含量较高，一般为 20%~40%，高于一般能量饲料中的粗蛋白含量，几乎与大豆相当，但鸡粪的粗蛋白中非蛋白氮占 45% 左右，主要是尿素、尿酸、氨等，不能被单胃动物利用。鸡粪蛋白质的氨基酸组成也较完善，几乎包括所有的动物必需氨基酸。必需氨基酸比玉米、大麦和高粱等谷实类饲料高 1.5 倍，另外鸡粪中还含有脂肪、粗纤维、钙、磷和丰富的铁、锌、铜、镁、锰等微量元素，还含有 B 族维生素。因此，对鸡粪进行适当的加工处理，可以让其成为较好的饲料资源。

8.添加剂

添加剂是指在配合饲料时添加的各种微量成分。其目的在于满足蝇蛆生产的特殊需要，如保健、促生长、增食欲、防饲料变质、改善饲料及产品品质、改善养殖环境等，从而提高家蝇生产的经济效益。饲料添加剂可分为营养性添加剂和非营养性添加剂。

（1）营养性添加剂

营养性添加剂包括红糖、白糖、必需氨基酸、维生素、微量元素等，主要用于补充、平衡配合饲粮的营养成分，提高饲料营养价值。

①氨基酸添加剂。在我国，动物性蛋白质饲料缺乏，而植物蛋白质饲料，尤其是家蝇的主要饲料必需氨基酸含量不平衡，因此需要氨基酸添加剂来平衡或补足。生产中常用的氨基酸添加剂是赖氨酸、蛋氨酸。

②维生素添加剂。随着营养科学的进展，各种维生素在动物体内的作用及需要量逐步明确，因此在饲料内添加维生素，得到日益广泛的应用。常用的维生素添加剂有维生素A、维生素D、维生素E、维生素K和硫胺素、核黄素、钴胺素、泛酸、叶酸、烟酸等，并多采用复合添加剂的形式（即将几种维生素配合添加）。维生素添加的数量除按营养需要规定外，还应考虑日粮组成、环境条件（气温、饲养方式等）、饲料中维生素的利用率、蝇蛆维生素的消耗及各种逆境因素的影响。

③微量元素添加剂。添加剂的原料是含有这些微量元素的化合物。常用的有碳酸盐、硫酸盐或氧化物类的无机矿物盐。近年来微量元素添加剂已从无机盐发展到有机酸金属螯合物和氨基酸金属螯合物。这些螯合物中的微量元素利用率都较无机矿物盐高。

（2）非营养性添加剂

包括抗生素、酶制剂、益生素、酸化剂、激素、离子交换化合物等，主要作用是促生长、保健康和改善饲料品质。常用的有抗生素添加剂、抗氧化添加剂、防霉剂、酶制剂、益生素、酸化剂等。

（三）家蝇的饲料配制原则

1. 保证饲料的安全性

配制家蝇的饲料，应把安全性放在首位。只有首先考虑到配合饲料的安全性，才能慎重选料和合理用料。慎重选料就是注意掌握饲料质量和等级，要做到心中有数。凡是被毒素污染的饲料都不准使用。饲料本身含有毒物质者，如棉籽饼、菜籽饼等，应控制用量，做到合理用料，防止中毒。

2. 选用合适的饲养标准

家蝇的科学饲养必须有一个符合家蝇生理代谢与生产实际需要的饲养标准。所谓饲养标准，是指家蝇在适宜的条件下，达到最优生产性能时，营养的最低需要量。各场家及研究单位应积极研究家蝇的营养需要，确定适宜的饲养标准。在配制饲料时，以饲养标准作为饲料配方的养分含量依据。配制配合饲料时应首先保证能量、蛋白质及限制性氨基酸、矿物质元素与重要维生素的供给量，并根据家蝇的生长发育状况、虫龄、季节等条件的变化，对饲养标准作适当的增减调整。

3. 因地制宜，选择配方原料

配方原料要充分利用当地生产的和价格便宜的饲料，最好是在不降低或不明显降低饲养效率和经济效益的前提下，尽量就地取材，物尽其用，降低生产成本，如选用畜禽养殖场附近的畜禽粪便、南方地区的菜籽饼、棉区的棉籽饼、酒厂的酒糟等。

4. 饲料适口性要好

适口性差的饲料家蝇不爱吃，采食量减少，营养水平再高也很难满足家蝇的营养需求。通常影响饲料适口性的因素有：味道、粒度、含水量、矿物质或粗纤维的多少等。设计配方时应考虑，一要严防有特殊气味、霉变或过粗的原料，以免影响饲粮的适口性；二要根据饲养对象适当添加矫味剂。

5. 饲料要多样化

生产中应根据家蝇对各种养分的需要，以及在不同饲料中各种养分的有无、多少进行合理搭配，使不同饲料间养分互相搭配补充，提高配合饲料的营养价值。但应注意，如果盲目地追求样数多，搭配后养分并不平衡，如果多者更多，少者相对更少，效果反而不好。

6. 饲料配合要相对稳定

如确需改变时，应逐渐过渡，应有一周的过渡期。如果突然变化过大，会引起应激反应，降低家蝇的生产性能。

（四）家蝇常用的饲料配方

1. 成蝇饲料配方

成蝇营养状况与产卵量的多少密切先关，其饲料原料主要由奶粉、红糖、白糖、鱼粉、蝇蛆浆、糖化发酵麦麸、糖化面粉糊、蚯蚓浆等配制而成。配制成蝇饲料时需要含有足够的蛋白质及糖类。成蝇饲料可制成干料，也可制成湿料。干料具有便于保存、购买方便等优点，而且不像湿料那样容易黏住家蝇腿使之不能起飞而导致死亡。所以，家蝇饲料一般以制成干料为好。根据家蝇生长发育需要，可以采用如下配合方式配合饲喂：奶粉＋红糖，牛奶（羊奶）＋红糖，熟蛋黄＋红糖，鱼粉（蛆粉）＋红糖，蛆浆＋红糖，豆粉（面粉）＋红糖。以上这些饲料中，奶粉＋红糖最好。蛆浆成本最低，但刚羽化出来的家蝇最好还是喂奶粉，这是因为刚羽化出来的成蝇体弱，没力气，这时饲喂蛆浆或牛奶，容易被黏住而死。奶粉＋红糖饵料可一次或多次投喂。如果用蛆浆，则与饮水一样至少每天更换一次。成蝇饲料其他主要配方有：

①鱼粉糊 50%＋白糖 30%＋糖化发酵麦麸 20%。

②蛆粉糊 50%＋酒糟 30%＋米糠 20%。

③蛆浆 70%＋麦麸 25%＋啤酒酵母 5%＋蛋氨酸 90 克。

④蚯蚓 60%＋糖化玉米糊 40%。

⑤糖化玉米粉糊 80%＋蛆浆 20%。

⑥奶粉 50%＋红糖 50%。

⑦人工养殖家蝇时，种蝇饲料也可用糖化淀粉，一般用 12% 的面粉，加入 80%，调匀煮成糊状，放置晾干后，再加 8% 的糖化曲，置于 60℃的恒温箱中，糖化 8 小时，然后取出加入 1% 的血粉和蝇蛆粉或黄粉虫粉即可。

⑧水 2 千克，红糖 150 克，三十烷醇 5 克，蛋氨酸 5 克，赖氨酸 5 克，鱼粉 50 克，鸡蛋 1 只，蜂蜜 15 克，玉米面 1 千克，混成糊状。

⑨白糖 50%＋蝇蛆粉 50%。

2. 幼虫饲料配方

家蝇幼虫蝇蛆的饲料相当广泛，养殖时家蝇幼虫饲料配制应遵循饲料原料来源广、利用方便、价格便宜、安全的宗旨，充分利用当地资源。除麦麸外，豆面、酒糟、豆渣、酱油渣、葵花皮、玉米轴粉、鸡粪、猪粪、牛粪、烂鱼等都是蝇蛆的好饲料。

蝇蛆的培养基可分两类：一类是农副产品下脚料，如麦麸、米糠、酒糟、豆渣、屠宰场下脚料等配制的；另一类是以动物粪便如牛粪、马粪、猪粪、鸡粪等经配合沤制发酵而成的。前一类主要是掌握好各组分的调配比例，控制含水量在 60% 左右，基质在接卵前应经过 12 小时左右的发酵过程。若在其中加入 20% 牛瘤胃液（屠宰场下脚料）发酵 24 小时后使用，可显著提高饲料转化效率。后一类基质则要求原料细致、新鲜、含水量 70% 左右。使用前，将两种以上基质按比例混匀堆好，上盖塑料薄膜沤制，发酵 48 小时以上方可接卵。发酵工作是十分重要的，若把不发酵的粪料送入蛆房，粪料在蛆房里自然发酵就会产生大量的有害气体，有害气体会直接对苍蝇造成威胁，致使苍蝇中毒，轻者活动迟缓、不下来吃食、不产卵，直往光亮和透气的地方寻找逃跑的洞口，严重者造成苍蝇成批死亡或全部死亡。蝇蛆饲料 pH 要求在 6.5~7.0，pH 在 8 以上时可在粪中加入少量酒糟或者醋、柠檬酸等进行调节；如果 pH 低于 6 以下，则可以加少量的澄清的生石灰水进行调节。测试 pH 的方法是取一张测试纸轻贴在粪料上，约 1 分钟后试纸吸足水分，以试纸颜色与色板对比作出判断。使用时每平方米养蛆池面积倒入基质 40~50 千克，接入蝇卵 20~25 克。一般保持料厚 7~10 厘米，湿度 70%~80%，在 18~33℃条件下，经过 3~32 小时，可孵化出幼虫，4~5 天幼虫取食育蛆料后生长至化蛹前，即可采收。实践中，蝇蛆饲料配方常用的有：

①猪粪 80%+ 酒糟 10%+ 玉米或麦麸 10%。

②猪粪 60%+ 鸡粪 40%。

③鸡粪 60%+ 猪粪 40%。

④鸡粪 100%。

⑤屠宰场新鲜猪粪（猪拉下 3 天以内的）100%。

⑥牛粪 30%+ 猪粪或鸡粪 60%+ 米糠或玉米粉 10%。

⑦豆腐渣或糖渣、木薯渣 20%~50%+ 鸡猪粪 50%~80%。

⑧鸡粪 70%+ 酒糟 30%。

⑨啤酒糟 17%+ 玉米粉 3%+ 新鲜猪粪 80%。

⑩啤酒糟 90%+ 玉米粉 10%。

上述配方以①、②、③、⑦蛆产量较高。使用时要求充分拌匀后进行发酵。发酵的方法有两种：一是水发酵方法。在池中先放 30 厘米深的水，加入少量发酵粉和 EM 活性细菌，把粪倒入池中，搅拌一下，用塑料薄膜密封，3 天后粪料开始浮起水面，第 5~6 天时取浮起的粪送入蛆房养蛆。此方法最大的优点就是蛆的生长速度和爬出速度都快，还可在一定程度上消除对苍蝇产生有害的气体，降低死亡率；缺点是从水中捞起粪料太麻烦，而且此发酵方法较适合从屠宰场收集的较粗的粪料。二是普通发酵方法。把粪料配制好后均匀地加入少量 EM 活性细菌（每吨粪料加 5 千克），使粪料的含水量 90%~100%，用塑料薄膜密封在室外阳光下发酵，在第 3 天把粪料翻动，再加入 3 千克 EM 活性细菌拌入粪中，第 6 天以后即可使用。此方法简单，产量较高，猪、鸡等粪料都适合此项技术。但蛆爬出较慢，由于黏性较重，部分蛆因爬不出而因此在粪中变成了蛹。

在实验室条件下，也可选用以下家蝇幼虫饲料配方：

①麦麸 330 克 + 奶粉 140 克 + 水 750 毫升。

②麦麸 330 克 + 鱼粉 140 克 + 水 800 毫升。

③麦麸 330 克 + 大豆粉 140 克 + 水 750 毫升。

④麦麸 600 克 + 牛奶粉 40 克 + 鱼粉 100 克 + 酵母粉 8 克 + 蛋白胨 15 克 +1 500 毫升。

⑤麸皮 + 鸡粪 + 豆渣（1：1：1）。

3. 集卵料

集卵料就是引诱成蝇前来产卵的固体饲料，又称为产卵饲料、集卵物、信息物等。这类饲料应该营养全面，能够满足成蝇和蝇蛆的营养需求，并具有特殊的腥臭气味，对成虫有较强的引诱力。使用畜禽粪便或人工配制的蝇蛆饲料作为集卵料时，喷洒 0.03% 的氨水或碳酸氢铵溶液、人尿、烂韭菜等可显著提高对成蝇的引诱力。常用的集卵料配方如下：

①新鲜猪毛 100%。

②动物血 20%+ 麦麸 80%。

③麦麸加少量鱼粉、少量氨水。

④用 1 千克死鱼，放入一个 50~60 升的大塑料桶中，加满生水后用盖密封，放在太阳下晒，2 天后便可取水加入到麦麸里。

⑤麦麸加几滴氨水或碳酸氢铵，然后用水调至含水量 90%。

⑥新鲜猪鸡粪 30%~60%+ 米糠或麦麸 40%~70%。

⑦从猪栏、鸡栏中铲出的绝对是当天的新鲜猪粪、鸡粪 100%。

⑧ 50% 麦麸 +35% 新鲜羊粪 +15% 鱼内脏，用水调成 80% 的含水量即成。此配方诱苍蝇产卵效果最佳，特别适合用在室外，可诱集几乎所有的野生苍蝇来疯狂地产卵。

⑨麦麸 95%+ 动物血 5%。

⑩麦麸 1 千克 + 鱼粉 0.5 千克 + 花生粕 0.5 千克 + 尿素 20 克 + 水 1.5 千克。

集卵料使用时含水量要调成 80%~90%。集卵料放在培养料上后，几分钟内，就会云集成堆的苍蝇吃食和产卵。若没有或很少有苍蝇在上面产卵，说明集卵料配制不佳。苍蝇大部分卵块产在集卵物的表面下层，也有很多苍蝇成堆地产卵在一个地方。苍蝇产卵后的当天傍晚，要用集卵料把露在外面的卵块盖上薄薄一层，目的是保湿提高孵化率。在阳光强烈、空气干燥的夏、秋季，每天 11:00 左右，要用洒水壶在集卵物上洒一次水。卵块孵化成小蛆后，会先把集卵物的养分吸光，然后自动进入育蛆粪中，直至长大。成熟后的蝇蛆会自然爬出粪堆，到处寻找化蛹的地方。如果蝇蛆不愿爬出粪堆，一般是环境温度过低或粪料黏性太重的原因，只要把粪料铲松透气，蛆就会在当天晚上爬出来。

4. 催卵素

催卵素的作用是对苍蝇催情，致使苍蝇多交配，从而达到提高雌蝇产卵量、受精率的目的。催卵素的配方（150 米 ^{2} 养殖面积一天的用量）：淫羊藿 5 克、阳起石 5 克、当归 2 克、香附 2 克、益母草 3 克、菟丝子 3 克。催卵素在使用时需将中草药全部混合，切碎或打成粉，用时用纱布包住，把药水煮出来，然后将药水直接加在糖水里，连喂 3 天，停 3 天，再连喂 3 天，停 3 天，如此循环。

五、蝇蛆的规模化生产

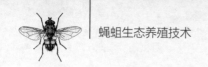

（一）蝇蛆生产的工艺流程

1. 优良蝇种的选择

优良的蝇种包括两个方面的含义：一是选用什么样的蝇种，二是选用什么样的家蝇种。据陈晓敏、朱芬等对家蝇14个不同地理种群的生物学特性进行了比较研究表明，不同地理的家蝇种群卵的孵化率，幼虫存活率、化蛹率，蛹的羽化率，成虫产卵量、寿命及性比均有较显著差异，以家蝇产卵量作为衡量家蝇能否进行大规模人工饲养主要的生物学指标，新疆石河子种群和浙江杭州种群的单雌日平均产卵量显著大于其他种群。因此，建议选取新疆石河子种群和浙江杭州种群进行大规模人工饲养。

（1）蝇种的选择

目前，我国人工养殖的蝇种主要有家蝇、大头金蝇两种，一般认为家蝇种为好。

（2）选用什么样的家蝇种

我国有关科研单位自1953年已开始进行家蝇室内饲养的研究与实践，经过多年驯化，这些家蝇已改变了原有的天然食性而逐步适应了人工饲料。如果用麦麸规模化养殖，可选用相关研究单位的蝇种。如果是用禽畜粪饲养，则要求该蝇种具有食粪能力强、粪蛆转化率高、生殖能力强、产卵量多的特点。另据日本方面1998年的报道，其良种家蝇的粪蛆转化率为7%，我国镇江某研究单位的蝇种其粪蛆的转化率可达10%，甚至12%。

2. 饲料成本

蝇的一生与其他完全变态昆虫一样可分为成虫、卵、幼虫、蛹

4 个虫态和生长发育阶段。成蝇和幼虫是蝇生长过程中两个不同的虫态和生长阶段，其食性大不相同。幼虫为杂食性、腐食性（食粪性），嗜食畜禽粪便，因此，尚存 40% 左右有机养分的畜禽粪便是其可以利用的潜在资源。养殖蝇蛆后的粪便既无臭味，又肥沃疏松，是农作物的优质有机肥。成蝇以植食性、杂食性为主。家蝇与其他动物一样需要足够蛋白质、糖、水和其他营养物质来维持生命和繁衍后代。因此，蝇蛆养殖的饲料成本，主要花在成蝇饲养上。

3. 养殖方式

目前国内饲养成蝇主要有笼养和房养两种方式。笼养隔离较好，比较卫生，能创造较舒适的饲养环境，但房屋利用率不高，而且每天一笼一笼地喂水、喂食、诱卵，费时费工，不利于提高劳动生产率。房养对房屋利用率高，且设备简单，省时省工，比较适合大规模连续生产。大笼饲养和房养家蝇应当成为今后蝇蛆规模化养殖的主要方式。蝇蛆的生产应该包括种蝇生产与商品蛆生产两个主要环节，具体的生产工艺如图 24 所示。

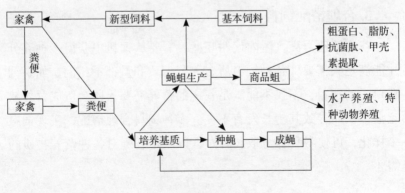

图 24　蝇蛆生产生物链

（二）蝇蛆生产的饲养管理原则

苍蝇的饲养管理包含饲养环境、饲料的饲喂、防疫制度等内容。良好的饲养管理是苍蝇健康成长的一个重要环节。

1. 满足其营养需求

饲料的好坏直接影响苍蝇的生长发育，甚至造成蝇蛆大面积死亡。饲喂苍蝇的饲料应合理搭配，避免长期用单一饲料饲喂，保证饲料营养均衡全价，适口性好，以满足苍蝇不同虫龄的营养需要。

2. 注意饲料品质，合理调制饲料

应对苍蝇的饲料质量高度重视，注意饲料品质，不喂打过农药、有毒、有害的饲料，是减少苍蝇患病和死亡的重要前提。对各种饲料，应根据苍蝇的龄期、环境温湿度以及饲料的特点等进行合理调制、科学投喂，以提高消化率和减少浪费。

3. 合理搭配饲料

苍蝇繁殖力高，体内代谢旺盛，需要从饲料中获得多种养分才能满足其需要。各种饲料所含养分的质和量都不相同，如果饲喂单一的饲料，不仅不能满足苍蝇的营养需要，还会造成营养缺乏症，从而导致其生长发育不良。多种饲料合理搭配，实现饲料多样化，可使各种养分取长补短，以满足苍蝇对各种营养物质的需要。

4. 科学喂水

水分供应适宜时，蝇体光泽明显，否则就显得干枯，甚至脱水死亡。所以，应及时为苍蝇喂水。喂水时，不可直接用水盆喂水，以防苍蝇掉进水盆淹死，或者水泡于气门而致使苍蝇呼吸困难。

5. 适宜的饲养密度

饲养密度过高，会影响蝇蛆正常活动和蜕皮；饲养密度过低，则养殖场空间得不到充分利用，浪费人力、时间，提高饲养成分。

6. 夏季防暑，冬季防寒

规模较大的蝇蛆养殖场，须设置防暑、保温设备；家庭小规模饲养，则应加强管理。如饲养房周围植树、搭葡萄架、种植丝瓜、南瓜等藤蔓植物，进行遮阴，饲养房门窗打开或安置风扇等，以利于通风降温。冬季则要做好防寒保温工作。

7. 加强蝇蛆饲养环境条件的控制

将养殖场的环境条件控制在适宜的状态，是成功养殖蝇蛆的基础和前提。特别是在规模化饲养时，充分满足苍蝇生长发育、生存、繁殖等对环境条件的基本要求，对于缩短饲养周期，降低养殖成本，生产高质量的产品，取得最佳的经济效益等具有重要意义。蝇蛆饲养环境的温度保持，应根据不同的环境采取相应措施。房舍饲养，可以用煤炉、电炉、空调加热；大棚养殖可以利用火道、暖风加热。冬季越冬的生产饲养房，用塑料布严封四周墙壁和窗孔，应该集中、缩小养殖空间，或者在大房间中间隔成面积较小的房间便于加温并降低增温成本。采用煤炉、锯末炉加温时应注意排烟和通风，防止二氧化碳过多和一氧化碳中毒。加温时温度要相对稳定，特别是冬季加温不能忽高忽低，避免昼夜温差过大，以免影响正常生长发育和繁殖。

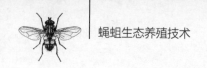

8.防逃，防敌害

成蝇具有较强的飞行能力，一旦生活不适宜（如缺水、缺食、受污染、遇有天敌侵害等）便迁飞逃跑。要经常检查养殖房、棚有无破烂的地方，如有发现要及时补塞，以防苍蝇外逃。

苍蝇的敌害较多，主要天敌有鸡、壁虎、蛙类、鸟类等。如不采取防御措施会把苍蝇吃光，因此要注意防止天敌危害。

9.做好生产记录

大量的生产实践表明，要养好蝇蛆，饲养管理人员非常重要，养蛆前，应对饲养管理人员进行必需的专业知识和管理技能的培训。蝇蛆的饲养管理是一件长期性和连贯性的工作，只有在生产过程中不断吸取教训，总结经验，从中找出规律，才能使技术水平得到提高。生产记录是总结的依据，它来源于饲养管理人员工作中翔实的记录。生产中饲养管理人员应认真观察苍蝇的饮食、健康、蜕皮、行为、产卵、孵化、排便状况，并检测饲养管理环境，并做好详细记录。

（三）种蝇的饲养管理

家蝇的饲养技术虽然简便易于掌握，但要提供符合要求的种蝇，必须标准化，即虫龄整齐，体格强壮。一般雄蝇每头平均体重 16~18 毫克（1 克 55~60 头），雌蝇每头平均体重 18~20 毫克（1 克 50~55 头），要达到这个要求，除需熟练地掌握养殖方法和家蝇的生活习性外，更主要还在于精心地管理。在家蝇生长的 4 个虫期中，成虫和幼虫阶段是关键，个体的大小、羽化率、雌雄性比、繁殖能力等都取决于这两个时期的饲养管理。

1. 将蝇蛹放入蝇笼

将已清洗、消毒并已晾干的留种用的蛹计量后放入羽化缸中，表面覆盖潮湿的木屑或幼虫吃过的潮湿培养料，放入已准备好的蝇笼中，待其羽化。羽化缸可用食用玻璃罐、火瓶即可，每个蝇笼配备 1~2 个羽化缸。

2. 环境控制

（1）温、湿度

饲养家蝇温度以 25~30℃为宜，空气相对湿度以 50%~80% 为宜。家蝇成蝇在此条件下，经 3~4 天即可羽化。盛夏天气炎热时，可以通风、洒水降温，有条件的可以安装控温仪和通风扇并配上湿度计。

（2）光照

适宜的光照可刺激成蝇采食、产卵，成蝇的光照以每日 10~11 小时为宜，晴天采用自然光照。光线较暗时，用日光灯或白炽灯补充光照。

（3）防止敌害

随时检查有无敌害，如蚂蚁、蜘蛛、壁虎等。

3. 成蝇饲喂

将家蝇蛹接入种蝇笼或蝇房后，一般经 4~5 天即可羽化，当蛹有 5% 左右羽化为成蝇时应及时供给饲料、清水。种蝇的饲料可用奶粉、红糖配制。饲料供应量以当天吃光为原则。以 1 万只种蝇每日饲料用量计，需奶粉 5 克、糖 5 克。饲喂时按上述比例混合后，加适量水煮沸，冷却后装入一个小盆内，小盆中放入几根短稻草，以供种蝇舔吸；或直接用器皿盛放奶粉、红糖喂食。温度较低时，

可在每天上午将饲料盘取出清洗并添加新的饲料，同时更换清水。夏季高温季节，每天上下午各喂一次饵料。

4. 成蝇饲养密度

种蝇密度受到环境、季节、房舍及养殖工具等的影响，人工养殖蝇蛆应充分利用养殖空间，以达到高产目的。试验表明：蝇笼饲养每只种蝇最佳空间为11~13厘米³。房养时成蝇密度在春秋季，以每立方米空间养2万~3万只蝇为宜。如果密度过大，会导致摄食面积不足，饲料更换频繁而易造成种蝇逃逸的发生，同时密度过大会造成室内空气不畅，人员操作不便。种蝇饲养密度过低又会影响产量。房养成蝇的密度，春秋季每立方米空间放养2万~3万只成蝇；在夏季高温季节，以每立方米空间放养1万~2万只成蝇为宜，如果房舍通风降温设施完善，还可适当增加饲养密度。种蝇最佳饲养密度为8~9厘米³/只，在此密度下，成蝇前20天的总产卵量最高。

这里需要指出的是，饲养空间太小，单位体积的成蝇饲养量也小，随着饲养空间增大，单位体积的成蝇饲养量也随之增大。但当饲养空间增大到一定程度时，单位体积成蝇的饲养量又呈下降趋势。这可能与饲养空间较大时，成蝇停栖面相对较小，拥挤干扰相对增大有关。

5. 蝇群结构

蝇群结构是指不同日龄种蝇在整个蝇群中的比例。种群群体结构是否合理，直接影响产量的稳定性、生产连续性和日产鲜蛆量的高低。控制蝇群结构的主要方法是掌握较为准确的投蛹数量及投放时间。室内养殖条件下，成蝇的寿命一般为25~35天，但产卵高峰在15日之前（图25、图26）。为了连续生产，一般可采用两种方式：循环生产方式和全进全出方式。

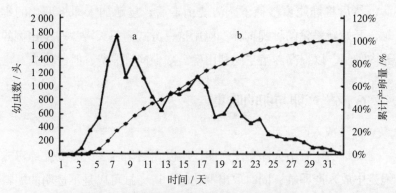

图 25　家蝇种群产卵消长及累计产卵量百分比
a. 种群产卵消长曲线；b. 种群逐日产卵累计百分比

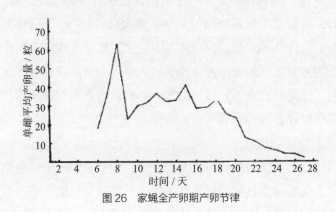

图 26　家蝇全产卵期产卵节律

　　循环生产方式为每隔 6~7 天投放一次蝇蛹，每次投蛹数量为所需蝇群总量的 1/3，这样，鲜蛆产量曲线比较平稳，蝇群亦相对稳定，工作量小，易于操作。循环方式的优点是卵量稳定，可保证蝇蛆稳定生产，种蝇管理工作量小。缺点是大量不产卵的种蝇仍占有大量的空间，消耗大量的饲料，且长时间不对蝇笼清洗消毒，造成种蝇患病的风险增大。为解决这一问题，可采用定时按比例更换蝇笼的方法。

全进全出方式就是除旧更新，每15~20天，将所有的种蝇淘汰，然后将蝇笼窗纱摘下，清洗消毒后，重新加入即将羽化的蝇蛹，开始新一轮的种蝇饲养。应用这一方式需每天淘汰一定比例的笼内种蝇，以提高养殖空间利用率，减少饲料浪费，但比较费工。

6. 成蝇产卵与卵的收集

（1）放入产卵缸

蝇蛹羽化后不久即交配产卵，所以在羽化后3天就要在蝇房或蝇笼中放入产卵缸，同时取出羽化缸。产卵缸可以是不透明的塑料盘、塑料碗或碟、瓷盘等。诱集种蝇产卵的物质，一般有4种，即麦麸、米糠、鸡粪、猪粪。麸皮是比较稳定可靠的优良产卵物质，使用时，将麸皮用水调拌均匀（含水量65%~75%），然后将其装入产卵缸，高度达到产卵缸深度的2/3为宜，然后在麸皮上滴几滴万分之一到万分之三的碳酸铵溶液，放入笼内引诱雌蝇集中产卵。试验证明，使用麸皮成本较高，以笼养雏鸡新鲜鸡粪作产卵物，其集卵效果也较好。

（2）处理羽化缸

羽化缸取出后用塑料布将其盖好，以免个别蝇蛹继续羽化，待全部未羽化的蛹窒息死亡后，倒出蛹壳，清洗羽化缸，干后下次再用。也可将羽化缸内剩余的麦麸和蝇蛹一起倒出，摊平后用开水浇烫，以充分杀死未羽化的蝇蛹。有条件的也可以将羽化缸放入低温冰箱中冷冻几小时后再处理。

（3）接卵

在24~33℃条件下，雌种蝇每只每次产卵约100粒。卵呈块状。种蝇日产卵高峰在8:00~15:00（图27），放置产卵缸应在8:00之前，秋季卵块应在16:00以后，也可于每日的12:00和16:00收集卵块。收集卵块时，可从蝇笼中取出有卵的麸皮、糠料及蝇卵一并倒入幼虫培养基中培养。从蝇笼内取出产卵缸时，要防止将成虫带出笼外，因家蝇不愿离开产卵信息物，而且喜欢钻入培养料内约 1 厘米深，所以一定要将产卵缸上所有家蝇赶跑后才能取出。当有个别家蝇随产卵缸带出后，要尽快将其杀死，以免污染环境。空盘洗净后加入新鲜产卵物，重新投入成蝇笼或蝇房中集卵。

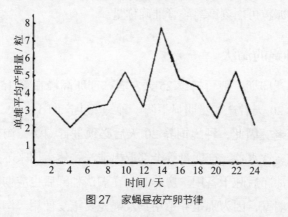

图 27 家蝇昼夜产卵节律

接卵时，一定不要将卵块破坏或者将卵按入培养料底部，以免卵块缺氧窒息孵不出幼虫。另外，也不能将卵块暴露在表层，这样易使卵失去水分而不能孵出幼虫。最好的接卵方法是用勺子或大镊子将产卵缸中培养料以不破坏形状放入孵化盘中，再在卵上薄薄撒上一层拌湿的麸皮，使卵既通气又保湿。接卵时最好不要将第 1 天和第 2 天收集的卵混合，以免其孵化期不同，造成不同日龄的蝇蛆之间抢食。

7. 家蝇卵与产卵饲料的分离

家蝇养殖时，如果卵和产卵饲料分离不完全，就不能准确地把卵定量地接入幼虫饲料里，从而不能培育出整齐一致、生活力强的标准试虫。接卵过多，会造成幼虫饲养密度大，发育不良；接卵过少，饲料易产生霉菌而影响幼虫发育。据吉林农业大学范志先报道，用双层纱布缝制一个正好放入 50 毫升烧杯的小口袋，装入已经搅拌好的麦麸后，再把口袋朝下放入烧杯中。饲料不要装得过满，然后在表面放置经牛奶（或奶粉）浸湿的棉团，再倒入少量奶水于杯中，再在棉团周围撒少许鱼粉（或红糖），这样雌蝇就会在烧杯壁和纱布口袋之间产卵，达到了卵与饲料分离的目的。接入幼虫饲料的卵粒可用刻度离心管准确称量。

8. 种蝇的淘汰

家蝇产卵期一般可持续 25 天左右，产卵高峰在第 15 天之前，从产卵起 20 天后产卵量明显下降。种蝇一生产卵 5~6 次，7~10 天即开始衰老。因此，种蝇饲养 20 天后必须进行淘汰，淘汰时将笼内饲养盘、饮水器、产卵盘等全部取出清洗，然后用来苏儿溶液将蝇笼清洗冲净后晾干备用。房养时，在淘汰种蝇后也应彻底清洗地面及四周墙壁，因为蝇蛆养殖用具及蝇笼要重复使用。淘汰种蝇严禁使用药剂。种蝇处理方法有下列几种：

（1）饿死

停食停水，一般缺水后两天会全部死亡。

（2）烫死

取出笼内全部用具，用开水将家蝇全部烫死。

（3）淹死

将要淘汰的家蝇、家蝇笼及其他用具一起放入水中，将家蝇淹死。

（4）冻死

冬天将蝇笼放置室外，将家蝇冻死。

9. 用具的消毒处理

养过种蝇的蝇笼和用具，先用自来水洗净，然后进行消毒处理，方法有以下几种：

①阳光照射或紫外灯杀菌消毒。

②用来苏儿水或碱水浸泡半个小时后，取出再用清水冲洗干净。

③可使用 84 消毒液浸泡后，冲洗干净。

④用高锰酸钾溶液冲洗。

10. 废弃物的使用

（1）分离出的剩余饲料

饲养种蝇幼虫所使用的麸皮颜色为黄色或浅褐色时，其剩余营养成分较多，可与新鲜麦麸混合后继续使用。如果麸皮颜色变为深褐色，则大部分营养物质已被家蝇吸收掉，可收集后用作农田肥料。

（2）蝇尸

蝇尸含有很高的营养成分，收集处理后可作为家禽的饲料使用，也可作为提取几丁质的原料。

（3）蛹壳

蛹壳中蛋白质含量较高，处理后可用作家禽饲料或提取几丁质的原料。蛹壳可用水漂浮法进行分离。

（四）蝇蛆的饲养管理

1. 蝇蛆的发育历期

按形态，家蝇幼虫期可分为 1 龄期、2 龄叠气门期、2 龄后期、3 龄叠气门期、无钮气门期、浅钮气门期和深钮气门期。

（1）1龄期

虫体呈短细线状，透明，后气门1裂，气门裂较宽，棕色，无气门环。

（2）2龄叠气门期

第8腹节后表面同时具1裂气门和2裂气门，1裂气门颜色深于2裂气门。

（3）2龄后期

后气门2裂，气门裂均较宽，边缘不整齐，且略有弯曲，呈棕色，无气门环。

（4）3龄叠气门期

第8腹节后面表面同时具2裂气门和3裂气门，2裂气门形态同2龄期，3裂气门裂弯曲，2裂气门位于3裂气门的钮区部位。3裂气门在叠气门早期颜色较淡，气门环不明显，而晚期则色深，气门环呈黑色。

（5）无钮气门期

虫体仍细长，半透明，后气门3裂，3个气门裂如蛇形弯曲排列在气门环内，气门环黑色，线条很细，无气门钮。

（6）浅钮气门期

虫体长而粗，不透明，具气门钮。早期，钮区黄色，与气门裂一致，较气门环色淡；后期与气门环一致，都呈黑色，但气门钮和气门环都是线条很细的环。

（7）深钮气门期

虫体圆锥形，不透明，表皮较厚。气门环闭合，黑且粗。临近化蛹前，由于钮区面积较小而线条粗，几乎整个钮区都呈黑色。

2. 蝇蛆体重的增长

由卵孵出的幼蛆到成品蛆，活体重量可增加200倍以上。跟踪测定幼蛆的增重过程发现蝇蛆体重的增长过程符合 Logistic 曲线，拐点位于 t =3.04 天处，幼蛆体重增长最快的时期是第 3~4 天；到第 5 天时，增长速度放慢，且已有少量蝇蛆化蛹（图 28）。根据蝇蛆体重增长特点，可以调整生产过程中饲料的投入量。在卵孵化为幼虫后的头 2 天，幼虫的体重增长缓慢，极少消耗养分，此时投喂少量饲料即可；从第 3 天开始，幼虫体重迅速增长，到第 5 天体重最重，这期间幼虫需要消耗较多的营养，所以应投入足量的饲料，满足蛆体要求。

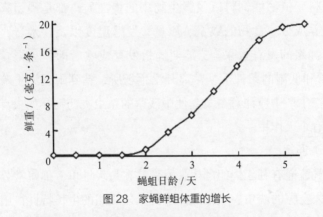

图 28　家蝇鲜蛆体重的增长

3. 影响蝇蛆生长发育的主要因素

（1）温度

温度的高低直接关系蝇蛆的发育时间长短。最适环境温度（培养基料温度）为 34~40℃，发育期可缩短为 3~3.5 天；温度 25~30℃时，发育期为 4~6 天；温度 20~25℃时，发育期为 5~9 天；温度 16℃时，发育期长达 17~19 天。发育期最低温度为 8~12℃，高于 48℃则死亡。

101

（2）湿度

1~2 龄期蝇蛆的适宜环境湿度为 61%~80%，最佳湿度为 71%~80%。3 龄期蝇蛆的适宜环境湿度为 61%~70%，超过 80% 便不能正常发育。可见，蝇蛆的发育需要一定的湿度，但并非越高越好。在生产实践中，适宜的湿度为 65%~70%；低于 40%，蝇蛆发育停滞，化蛹极少，甚至导致蝇蛆死亡。

（3）食物

蝇蛆的重要生态之一就是食杂性，而且在栖息处就地取食。动物性饲料、植物性饲料以及微生物中的蛋白质，都是蝇蛆喜欢摄入的营养成分。食物的数量、质量、发酵温度以及含水量，都直接关系蝇蛆的发育效果。3 龄期蝇蛆发育成熟后即停止摄食，在 15~20℃ 和低湿的条件下，常离开滋生场所，钻到附近泥土疏松处化蛹。在生产中应注意畜禽粪便中残留的杀虫类药物，如虫克星等对蝇蛆有杀灭作用。

（4）通气

空气流通有利于蝇蛆的生长发育。在垃圾堆里，蝇蛆常分布于具有较大空隙的墙角、墙根处。掌握上述蝇蛆的生长特性，用于指导生产实际，对于提高蝇蛆的养殖效益大有裨益。

4. 接卵与孵化

接卵前按 35~40 千克 / 米^2 将饲料（湿度约 70%）加入育蛆池，饲料厚度一般夏季 3~5 厘米，冬季 4~6 厘米。饲料表面可高低不平，以利于透气。接卵时要将卵块均匀撒在饲料中。适宜的接卵量为 20 万 ~25 万粒 / 米^2。

笼养时，蝇卵可直接放入装有新鲜育蛆料的培养盘中进行孵化培养。第 3 天视育蛆料颜色决定添加新的育蛆料。若育蛆料比较松散，而颜色发黑，说明虫口密度大，营养不够，这时可将上层育蛆料去掉一部分，然后添加新的育蛆料。另外，也可将蝇卵的孵化与幼虫的培养分开进行。孵化阶段可先用脸盆，待卵孵化出且呈半干状态时，将幼虫同料倒入事先准备好的装有育蛆料的培养盘中进行培养。一般幼虫投放量，以1万只种蝇每天所产卵占0.35米³为宜。

5. 添加饲料

室内以粪便池养的幼虫，能消耗相当于体重10倍的食物。幼虫从卵中孵化后即从饲料表面往下层钻蛀取食，至3龄老熟后再返回表面化蛹。用农产品下脚料饲养时要注意观察，若饲料不足时应及时补充，发霉结块是要及时处理，防止幼虫外逃。用畜禽粪料饲养时，起初含水量高，有臭味，在幼虫不断取食活动下，粪就逐渐变得松散，臭味减少，含水量降低，当含水量下降到约50%时，体积大大减少，因此，应注意及时补充新鲜粪料，以免粪料不足令幼虫爬出池外。适时的饲料添加可避免用料过厚、增温过高所造成的幼虫逃逸和培养料下部发酵造成的饵料浪费。

6. 饲养密度

家蝇是一耐高密度饲养的种群。幼虫饲养密度因培养基质不同而异，以麦麸为培养基每5千克（含水量65%）放蝇卵4克，平均可产幼虫533克；以鸡粪为培养基为每5千克（含水量65%），放蝇卵4克，可产幼虫490克。

7. 控制环境

室内育蛆时，首先在房内修建保温、加湿、通风设施，然后修建多个水泥池。室外平地粗放育蛆在雨季要注意遮挡雨水，以免翻池跑掉。采用此法的关键是要及时收获蝇蛆，否则人工生产的大量

苍蝇，飞出蝇蛆养殖场将给人们带来莫大危害。

8. 蛆的分离回收

蝇卵孵化后，经过 4 天的培养，若不留种即可进行分离待用。若留作种蝇需继续培养直至化蛹。蝇蛆与饲料的分离是生产中存在的一个难题。

（1）人工分离法

分离幼虫时，利用幼虫的负趋光性，将要分离的蛆培养盘放到有光线的地方，由于蛆畏光，向下爬，这时可用铲子将上部废料轻轻铲出，反复进行多次，直至把废料去净为止。

（2）筛分离法

将要分离的蛆连同饲料一齐倒入分离筛中，蛆逐渐向饵料下层蠕动，并通过筛孔掉到下面的容器内，而废料留在上面，达到分离目的。分离时把混有大量幼虫的饲料放在筛板上，打开光源，人工搅动培养基质，幼虫见光即下钻，不断重复，直至分离干净；最后将筛网下的大量幼虫与少量培养基质，再用 16 目网筛振荡分离，即可达到彻底分离干净之目的。但这样做费时费力，且分离不很彻底，影响生产效率和经济效益。

上述方法虽适用于以麦麸、酒糟、豆渣等农副产品下脚料为培养料的蝇蛆分离，但培养料是禽畜粪便时则较为困难。因为利用禽畜的粪便养殖蝇蛆虽可以化废为宝，生产优质昆虫蛋白饲料，化废为利，生产优质有机肥，但因粪块黏重，需要人工不断地将其翻动、摊薄，花工多，劳动强度大，工作环境差，料蛆分离率低（一般仅为 60% 左右），所以这种分离技术成了制约用禽畜粪便规模化养殖蝇蛆的瓶颈。

（五）蛹的管理

1. 蛹的发育历期

按形态，家蝇蛹期可分为原蛹期、隐头蛹期、显头蛹期、半红眼期、红眼期和灰胸期。

（1）原蛹期

保持缩短了的幼虫形态，头端未凹陷，未见呼吸角，具较多黏液，蛹壳颇难剥离，口咽器与蛹体组织结合紧密。

（2）隐头蛹期

头端凹陷，具1对小球，两侧为几呈肉色的呼吸角，具大量黏液，蛹壳颇难剥离。

（3）显头蛹期

头大，头、胸、腹部已很明显，复眼外形完整，呼吸角位于复眼后面。

（4）半红眼期

复眼后部鲜红色。

（5）红眼期

整个复眼红色，胸、腹部仍未见鬃。

（6）灰胸期

胸部背面出现稀疏的黑色鬃，腹部仍未见鬃和毛。

2. 留种蝇蛹的选留

留作种的蝇蛆经过4~5天的培育成熟后即化蛹。有研究表明，蛹重与所羽化的家蝇成虫平均产卵量呈正相关（图29）。留种时应选择个体粗壮、生长整齐的蝇蛆，在化蛹前一天把蝇蛆从培养料中分离出来。方法是把表层的培养料清除，剩下少量的培养料和大量的蝇蛆，次日蝇蛆基本成蛹并在培养料上面，可将蛹转入羽化缸内并放入蝇笼内待其羽化成蝇。

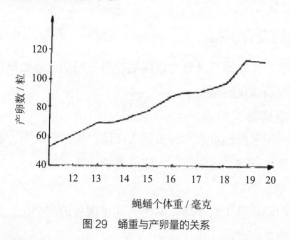

图29　蛹重与产卵量的关系

3. 蛹的保存

蝇蛆成熟后就会转化成蛹。蛹不会再吃食，也不会活动。所以，蝇蛆转化成蛹之后在不必要的情况下最好不要去惊动它，否则会影响羽化率。蛹长时间未羽化的原因以下有几种：一是蝇蛆期间没有足够的养料，蛹是勉强变的；二是保存过程在高温干燥环境下，导致脱水死亡；三是被水浸泡时间过长。

蝇蛹期虽然不吃不动，但仍然呼吸和消耗体内水分，仍需置于通风干燥处，不能放在密闭的容器内，而且要保存在一定湿度的环境中。当空气中湿度太小时，可通过喷水、盖布（湿）来保湿。将蛹箱送入种蝇室内后，不要翻动撞击。保存中要防止各种化学品（如烟、酒、化妆品、药剂等）与虫蛹接触，并注意防止蚂蚁为害。保存过程中要定期、仔细观察，及时拣出病死蛹。保存中要杜绝蛹及蛹羽化后外逃。

（六）种蝇的选育

自 20 世纪 50 年代家蝇人工养殖引起人们关注以来，世界许多国家相继进行了家蝇的开发和利用研究。目前，对家蝇养殖利用已从实验昆虫、饲料昆虫发展到食品资源、医用生化制品开发以及仿生学研究领域。家蝇是双翅目昆虫中分化地位最高的一个种群，经过漫长的进化，已经与人类建立了密切的生态关系。长期以来，研究都侧重于消灭这类昆虫，对家蝇物种资源开发利用，尤其是开展品种定向选育资料十分缺乏，无现成方法可用。对于家蝇选育工作，国内外至今还没有像家蚕、蜜蜂等昆虫那样形成一套成熟的育种技术路线，更没有建立一套选育指标体系。各地开展的小规模生产所用家蝇种，不管是短期驯养还是长期隔离饲养，未经人工定向选育，仍属于自然种。它的生物性状仅表现为自然选择的结果，其种性特征是：成蝇生活历期短暂，产卵繁殖峰值高、下降快，人工养殖种用价值很低，严重制约了人工规模化、产业化养殖。现有许多宣传报道和文献提到的无菌家蝇、良种家蝇、工程蝇都没有反映确切的经济性状指标，因此均不代表真正意义的品种概念。为探索家蝇繁育制种技术路线，设计高产家蝇选育方案，唐金陵等从 1998 年以来开展了家蝇原种群建立的研究工作，现将其经验简介如下。

1. 原种群选择与培育

在原种群创建选育过程中，重点解决了选育方法、成蝇形态鉴别和经济性状三大问题，同时确定了选育制种目标。

（1）选育方法

家蝇体细胞含 6 对染色体，属于二倍体动物。通过杂交体色分离试验，遗传特性符合孟德尔定律，因此育种中参照了动物常规育种方法。由于家蝇尚未形成品种，在建立原种群过程中采用系统分离育种方法，按表型特征选择，将相同表型分类组群，进行同质繁育，建立了表型相同的纯系群体。根据成蝇形态特征分类组群，剔除中间类型，组建4个表型遗传相对稳定的纯系育种群。

（2）家蝇形态特征鉴别

成蝇外形特征是家蝇的主要表型性状，对群体遗传稳定性观察和群系区分是重要标志。为便于开展家蝇种系选育操作，通过解剖显微镜对大量成蝇外形进行观察和分类，归纳形成了一套家蝇形态鉴别依据（表4）。

表4　家蝇成虫外形特征鉴别

部　位	鉴别内容
头　部	触角芒长度；复眼间额宽度比
胸部盾板	黑色纵条宽窄、分节、长短；粉被色泽；鬃毛排序
胸背小盾片	鬃毛位置；色素条斑形状
腹背体节	色素分区大小；斑纹、条带分布；体毛疏密
尾　器	雄虫：腹面黑色素区大小和交配器显隐；雌虫：腹面体色明暗，产卵器节套粗细
翅　脉	纵脉走向；横脉赘支
足	前足肢节鬃毛；后足肢节栉齿

（3）经济性状与育种目标

针对家蝇人工规模化生产主要是以获得幼虫为目的，因此家蝇品系选育目标应是选择培育繁殖力强、食物转化率高的优秀种群。家蝇尚未形成品种，生物性状主要由自然选择形成。成蝇寿命短，产卵繁殖峰值高、下降快，人工养殖种用效率很低，需要人工选择改良。根据家蝇的繁殖性状以及食物转化率性状在后代幼虫表现特点，确定家蝇的经济性状以成蝇生存率、繁殖力和幼虫生物产量为选育指标。通过家蝇优秀个体繁殖潜能测试和育种素材性状测定的数据整理分析，根据平均数和标准差范围确定家蝇纯系经济性状育种目标（表5）。

表5　家蝇纯系种群经济性状选育目标

经济性状	育种目标
成虫生活期生存力	群体平均寿命 20 日龄
成虫生活期繁殖力	产卵量 300 粒，卵平均孵化率 90%；每雌平均繁殖 2 龄幼虫 270 头
幼虫生物产量	每万头成蝇（雌雄 1∶1）育成 4 龄幼虫 20 千克

2. 原种群的保种与扩繁

（1）保种群基数

为避免选育的家蝇纯系群过度近交，产生种性衰败，通过不同群体基数饲养观察和人工分检雌雄工作量测试，同时参考家蚕原种蛾区繁育群体数量，确定家蝇纯系保种群基数为 2 000 头，雌雄比例为 1∶1。

（2）保种繁育与选择

为保持选育的家蝇纯系种群继代繁殖性状基因频率不变，纯系群保种采用相对闭锁的繁育方案，每群单独笼养，严格隔离。同时，每个繁育世代进行适度选择。成蝇期选择产卵高峰期孵化育虫。蛹期选择蛹粒饱满、横径大于 2.2 毫米、蛹壳色泽光洁一致的健蛹羽化。羽化期再进行一次外形纯度选择。通过选择培育，4 个纯系群经过 20~26 个不同世代选育，经济性状提高 1.8~2 倍。成蝇生存力平均寿命由 13 天提高到 22 天。

（七）养殖中蝇害的防治

家蝇是传播疾病的害虫，是防疫、环保、卫生部门消灭的主要对象。因此，在饲养过程中必须制定一套完整有效的规章制度，杜绝蝇蛆的外逃。在家蝇养殖过程中不可避免地会造成成蝇的外逃，因此及时在养殖室内消灭成蝇从而防止其扩散到外环境中就很重要。防治蝇害应从生态学的总体观点出发，采取综合防治的原则，以搞好环境卫生、清除蝇类的滋生地为基本环节，因地制宜地应用物理防治、化学防治和生物防治等有效的补充手段，要及时科学地处理。

1. 严格管理

养殖房的门窗要科学设计，所有的储料池、配料池都必须封闭加盖，杜绝外界苍蝇在此产卵繁殖。养殖过程中要做到：只见笼内有蝇而室内无蝇；蛆盘（池）中有蛆，房内无蛆。工作人员进入养殖房须穿戴工作服，以防止带入病原，禁止无关人员进入养殖房。由于蝇室密闭不严以及废旧料中含有的幼虫和蛹，使得蝇蛆生产场地的附近有可能造成家蝇的泛滥，所以生产中要严密封锁种蝇室与外界的联系，保证种蝇不能外逃；还要对废旧料及时处理，如利用密封、加热等方法杀死其中的幼虫和蛹，以防止造成污染。

2. 做好环境保护

注意养殖场周围的环境卫生，及时清除垃圾、粪便等蝇类滋生物；对粪便实行无害化处理，如堆肥、沼气池发酵等；处理好特殊行业中的蝇滋生物，如皮毛、骨、酒糟、酱渣等屠宰、酿造行业的下脚料及废弃物。通过消除、隔离滋生物和改变滋生物的性状，从而控制或消除滋生场所。

3. 物理防治

物理防治可采用诱蝇笼、粘蝇纸、诱蝇灯等器具进行诱杀；安装纱窗、纱门防止成蝇飞出养殖房；用苍蝇拍进行捕打是简便易行的好方法，应大力提倡。采用淹杀、闷杀、堆肥等方法杀灭幼虫及蛹。

4. 化学防治

目前常用的灭幼虫药物有敌百虫、马拉硫磷和倍硫磷。灭成蝇可用敌百虫糖液、敌百虫鱼杂或倍硫磷饭粒等毒饵诱杀。考虑到化学农药对环境的污染且不利于蝇蛆的商品化生产，所以在使用方式上应尽量避免使用大面积喷洒灭蝇的方法，而提倡利用引诱剂杀灭成蝇。具体的方法：以 0.1% 敌百虫或其他农药与各种诱饵（鱼肠、鱼头等腥味物或者面包渣、红糖等）拌和制成毒饵，放置到一定的容器里诱杀。根据养殖的规模放置，诱饵多，腥味大，诱力就强。经常保持诱饵湿润，可以增强毒效。现市场有出售的杀蝇颗粒剂，多以糖类物质为药剂载体，引诱效果好，对人员和养殖无毒副作用。

（八）蝇蛆病虫害的防治

家蝇的生活环境充满各种病菌，蝇蛆体表附有 60 余种病菌，菌体数量达 1 700 多万个，且其体内含菌量大大超过体表，但蝇蛆很少感病，人工饲养的成蝇则偶感白僵病。白僵病由白僵菌引起，在持续低温和阴雨天气，特别是饲养室内温度低于 5℃ 时易发病。感病初期，成蝇停食、衰弱和迷向，腹部逐渐膨大变白，后逐渐死

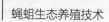

亡，死后不久体内充满菌丝，体表覆盖白色的孢子粉。病死家蝇多攀附在笼顶及四壁纱网上或饲养室墙壁上和玻璃窗上，正常死蝇则掉落地面或笼底。应保持饲养室和饲养笼的清洁，每淘汰一批成蝇后应对饲养笼（室）进行清洗和消毒，在低温阴雨天气应注意加温和补充光照。若发病，应及时隔离、淘汰感病蝇，对饲养笼彻底消毒，饲养室则喷洒杀菌剂。此外，人工饲养家蝇时还应注意防止壁虎、老鼠等动物的捕食。

六、蝇蛆产品的开发
与综合利用

蝇蛆作为一种具有较成熟养殖经验和广泛社会应用基础的资源昆虫，目前已经具备了工厂化规模生产的技术和条件，为产业化开发奠定了良好的基础。随着世界人口的增长，蛋白质缺乏将是21世纪的一个严重问题。人类可以通过饲养家禽、家畜来获得蛋白质资源，也可以通过收集昆虫或饲养昆虫来满足对蛋白质的需求。对于广大的农村，昆虫蛋白资源离他们更近，更容易接受。直接利用昆虫蛋白进入高档消费，已经不是新鲜事。在云南、广东等地许多高档宾馆、饭店中，虫草、竹虫、蜂幼虫、蛹、龙虱等已成为深受欢迎的佳肴。在国际上，肉骨粉污染、二噁英污染导致疯牛病、口蹄疫爆发，优质鱼粉年产量下降，为新型动物蛋白资源的开发和利用带来了巨大的机遇。蝇蛆资源的产业化开发具有广阔的前景。

（一）家蝇的营养价值

1. 蝇蛆中含有丰富的营养成分

分析表明：鲜蛆含蛋白质 18.6%，脂肪 5%，碳水化合物和盐 3.5%，水分 71.4%，维生素 B_2（核黄素 3 毫克 /100 克，胡萝卜素 0.4 毫克 /100 克）。干蝇蛆、蛹和蝇尸的粗蛋白分别为 60.88%、58.2% 和 64.2%；粗脂肪分别为 17.1%、14.5% 和 6.5%；灰分分别为 9.2%、8.1% 和 7.5%。可见，蝇蛆的蛋白质含量相当于进口鱼粉蛋白的含量，超过国产鱼粉和豆饼的含量（表 6）。

2. 蝇蛆中含有多种微量元素

经测定，家蝇幼虫体内，除含有较多的钾、钙、镁等元素外，还含有多种生命活动所必需的微量元素，如铁、铜、锌、锰、磷、钴、铬、镍和硼等。用蝇蛆喂养下蛋鸡只需要适当添加钙质就可获得很好的效果。

表6　家蝇幼虫、蛹和其他蛋白质饲料的营养含量比较（占干物质的百分比）

名　称	粗蛋白	粗脂肪	灰　分	钙	磷
家蝇幼虫	60.88	17.1	9.2	0.71	2.52
家蝇蛹	58.2	14.55	8.1	0.47	1.71
家蝇成蝇	64.2	6.5	7.5	–	–
豆　饼	45.1	4.20	5.50	0.03	0.33
秘鲁鱼粉	60.40	8.40	17.10	3.43	3.08

3. 蝇蛆粉含有丰富的必需氨基酸

　　通过分析，蝇蛆粉中的每一种氨基酸含量都高于鱼粉，必需氨基酸总量是鱼粉的2.3倍，对家禽的生长，尤其对产蛋起非常重要作用的蛋氨酸、苯丙氨酸和赖氨酸，其含量分别是鱼粉的2.7倍、2.9倍和2.6倍。胱氨酸对蝎子蜕皮影响非常大，家蝇胱氨酸的含量为黄粉虫的2~3倍，因此用家蝇饲喂蝎子，可有效解决2龄蝎蜕皮难的问题（表7）。因此，蝇蛆不仅可以作为饲料蛋白利用，同时也是一种含有多种氨基酸的优质蛋白，可提取蛋白粉，开发高效营养食品、饮料、航天食品等。

表7　家蝇幼虫、蛹与其他蛋白质饲料必需氨基酸含量比较（占干物质的百分比）

氨基酸种类	家蝇幼虫	蝇蛹	黄粉虫	黄粉虫蛹	豆饼	进口鱼粉	FAO标准
赖氨酸	4.30	3.80	2.47	2.22	2.79	5.42	4.2
蛋氨酸	1.49	2.47	0.36	0.74	0.51	1.53	2.2
异亮氨酸	2.34	2.19	1.33	2.08	2.27	3.17	4.2
亮氨酸	3.57	3.45	2.48	3.25	3.68	5.17	4.8
酪氨酸	4.30	3.24	2.64	2.48	1.66	1.98	2.8
苯丙氨酸	4.32	3.42	0.78	0.74	2.47	2.66	2.8
苏氨酸	2.30	2.24	1.77	1.78	1.89	2.59	2.8
色氨酸	0.78	0.69	0.36	0.36	0.55	0.76	1.4
胱氨酸	0.43	0.64	0.35	0.19	0.69	0.56	–
缬氨酸	2.76	2.61	3.29	3.22	2.21	3.34	4.2

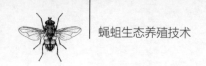

（二）蝇蛆饲料的开发利用

我国是世界上最大的鱼粉进口国，1996—1997 年国外采购量为 127 万吨，1997—1998 年国外采购量为 95 万吨，国内鱼粉单价已达到 5 900~6 000 元 / 吨。如此大的动物蛋白市场，必将大大鼓舞蝇蛆的养殖。蝇蛆是优质高蛋白饲料。干蝇蛆一般含蛋白质 62% 左右，含脂肪 10%~15%，同时还含有丰富的各种氨基酸，其中必需氨基酸总量是鱼粉的 2.3 倍，蛋氨酸、赖氨酸分别是鱼粉的 2.7 倍和 2.6 倍。实践证明，它不但可以完全替代鱼粉，而且在混合饲料中掺进适量的活体蝇蛆，喂养家禽、家畜、蟹、鳖、虾、鳗、黄鳝、蛙类、鸟类等，生长速度明显加快，增产显著，效果最好。据试验，在幼禽中添加适量蝇蛆，幼禽生长健壮整齐，抗病力强，比对照组增重提高 25%；在饲料中添加适量鲜蛆喂蛋鸡，产蛋率提高 17%~25%；对刚变态的幼蛙采用蝇蛆饲喂，由于个体刚好适合幼蛙吃食，与饲喂黄粉虫对比成活率提高 60%（黄粉虫个体太大，许多幼蛙吃不了，特别是像林蛙的幼蛙更小，目前还没有比蝇蛆更适合的活饵）；喂养肉食性鱼类增产 22% 以上，喂猪生长速度提高 19.2%~42%，且节约 20%~40% 的饲料。人工养殖蝇蛆可缓解饲料短缺，降低饲养成本。

目前，蝇蛆用作饲料主要有两种利用方法：第一种利用方法为活体直接利用，即把蛆收集起来后直接投喂经济动物。通过工程蝇养殖技术养殖出来的蛆已基本不带有害病菌，一般不必消毒就可直接投喂。而用粪料育蛆，如果粪料没有经过微生物发酵处理，或者采用的是野外收集的蝇蛆，一般带细菌较多。饲用前最好用清水洗干净，若喂名贵的经济动物，还要用 0.1% 高锰酸钾溶液漂洗 3 分钟。饲喂家禽时，蝇蛆投喂量为饲料总量的 5%~10%，最高可以投喂到 20%，另补充一些一般的饲料就可满足家禽的营养需要。如果蝇蛆对家禽的投喂量超过 10%~20%，由于蝇蛆含蛋白太高，就会引起家禽消化不良而拉稀。水产肉食性动物可投喂 80%~100% 的鲜蝇蛆。第二种利用方法就是蝇蛆粉的加工，即把收集到的干净蝇蛆放进开水中烫死，然后晒干粉碎即可添加到动物饲料中。畜牧、特种类动物一般采用蛆粉加入饲料中，添加量一般为 2%~5%。

1. 喂鸡、鸭等禽类

可用鲜蛆直接喂养，也可烘干磨碎混于其他饲料中，每只雏鸡每天喂鲜蛆 2~3 克，生长鸡 5~7 克，成鸡 10~12 克，产卵鸡 12~15 克。据报道，在饲料中用 3% 的蝇蛆粉代替等量的进口鱼粉喂养蛋鸡，其产蛋率、蛋的品质和饲料报酬与全部鱼粉喂养蛋鸡的效果差异不显著。在其他条件完全相同的情况下，用 10% 的蝇蛆粉喂养蛋鸡与用 10% 的鱼粉喂养蛋鸡相比，喂蝇蛆粉组的产蛋率比喂鱼粉组提高 20.3%，饲料报酬率提高 15.8%，每只鸡增加收益 72.3%。在基础饲料相同的条件下，每只鸡加喂 10 克蝇蛆，饲喂 110 天后，产蛋量增加 322 枚，增重 23.3 千克，产蛋率提高 10.1%，每千克蛋耗料减少 0.44 千克，节约饲料 58.07 千克，平均每 1.4 千克鲜蝇蛆就可增产 1 千克鸡蛋，而且鸡少病，成活率比配合饲料喂养的高 20%。

在使用蝇蛆饲喂禽类时，应注意投喂禽类的年龄及投喂量，禽类如雏鸡 15 日龄以上才喂。如果要在 15 日龄前饲喂，一定要少喂，每日每只鸡饲喂量不要超过 2 克。家禽的饲喂量不建议超过饲料总量的 15%。饲喂蝇蛆后，可以适当降低饲料中的蛋白饲料使用量。饲喂量开始宜少，逐渐增高，以喂至半饱为宜。

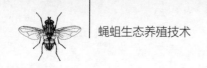

2. 喂猪

家蝇幼虫要用开水烫死或晒干磨碎成蛆粉，混合于饲料中投喂，也可以把培养料和幼虫一起烘干后磨碎投喂。据报道，在基础日粮相同的基础上，每头猪每天加喂 100 克蛆粉或 100 克鱼粉，结果喂蛆粉的小猪体重比喂鱼粉的增加 7.18%，而且每增重 500 克毛重的成本还下降 13%，用蝇蛆喂的猪其瘦肉中蛋白含量比喂鱼粉的高 5%。

3. 喂鳖、牛蛙、鱼

中华鳖对饵料的蛋白质含量要求较高，一般最佳饲料蛋白含量在 40%~50%。蝇蛆蛋白质含量相当高，适合做鳖的饲料，且蝇蛆干粉中的必需氨基酸配比也适宜动物体吸收转化，鳖对饲料的脂肪及热量的需求也与蝇蛆的含量相当。以蝇蛆喂鳖，还可补充多种维生素、微量元素，并提高鳖的生活力和抗病能力。所以，蝇蛆是人工养鳖较理想的饲料。喂鳖和牛蛙，需将蝇蛆从培养料中分离出来，由于蝇蛆在水面的漂浮时间长，有助于鳖和牛蛙的取食，而目前所用的颗粒料漂浮时间短、浪费大，不利于鳖和牛蛙的取食。喂鱼时，可以将饲养 4 天的鸡粪和蝇蛆一起投放到池中，既可以肥水，又可以提供蛋白饲料，从而避免了直接投放鸡粪而导致池水变质、缺氧等问题。用活饵饲喂水产动物时，需将活蛆投入水中饲料台上，防止吃不完的蛆虫死亡沉入水底腐烂而污染水质。饲喂鳖类动物，用碟、碗盛装或撒在水边平地铺放的塑料布上，以便于清洁和收集残饵。

据报道，以蝇蛆饲喂出壳 1 个月的稚鳖，其体重平均每只增加 4.53 克，增重率平均为 160.27%，而喂养鸡蛋黄的稚鳖平均每只增重 1.2 克，增重率平均为 42.61%，前者是后者的 3.8 倍。用蝇蛆饲喂 5~36 克的美国青蛙幼体，其生长速度、成活率与黄粉虫喂养组效果相同。用蝇蛆粉喂养 1 龄草鱼 35 天后，其体重比用鱼粉喂养的高 20.8%，饲料成本每增重 1 千克要低 66~70%，而且有 80% 的成活率。用 25% 蝇蛆粉制成颗粒饲料后喂养草鱼，效果比用 20% 的秘鲁鱼粉喂养的好，其鱼体增重率提高 20.8%，蛋白质效率提高 16.4%，每获 1 千克鱼的成本降低 0.29 元。用蝇蛆粉喂虾，同样有较好效益，虾体健壮且少病。

4. 喂蝎子

目前，养蝎子最常用的活饲料是黄粉虫，但由于黄粉虫胱氨酸含量较低，不利于幼蝎的蜕皮，养殖过程如果一直用黄粉虫，2 龄蝎子绝大多数不能蜕皮，死亡率常达到 60% 以上，甚至 100%。另外，黄粉虫饲养周期太长（73 天）。如果用家蝇作为蝎子的活饲料，由于家蝇体中胱氨酸的含量是黄粉虫的 3~4 倍，幼蝎不会出现蜕皮困难现象。另外，家蝇饲养周期短，繁殖速度快，无论多大规模的养蝎场均可以满足蝎子取食。蝎子主要取食家蝇的成虫，投喂时可以将家蝇的蛹分离出来放在蝎池中，蝎池加网罩，羽化出来的家蝇成虫晚上将被蝎子捕食。

5. 喂其他经济动物

蝇蛆可用于饲喂多种经济动物，食肉性、食虫性和杂食性的动物均可以食用蝇蛆。其饲喂方法大同小异，各养殖场可根据具体情况，在保证卫生的前提下，采用合适的饲喂方法。

蝇蛆饲料的开发利用除直接以活体、蝇蛆粉的方式利用外，还应积极探索蝇蛆作为载体饵料生物、饲料添加剂的利用新途径。所谓载体饵料生物，是指某些饵料生物能将一些特定的物质或药物摄取后，再来饲养其他动物，当动物捕食到饵料生物时，那些特定的物质或药物也同时被消化吸收，从而促进了饲养动物的生长发育；或者防治了所饲养动物生活中极易发生的某些病害。这些可用来当作运载工具的生物即是载体饵料生物。据资料显示，国外已有色素载体蛆、抗生素载体蛆等成功实践经验。载体饵料生物通过生物转化的方式，具有高效、无毒害等优点，而且从环保角度讲，具有变废为宝的优点。相信载体饵料生物今后将成为饵料生物的一个发展趋势。饲料添加剂是为提高饲料利用率，保证或改善饲料品质，促进饲养动物生产，保障饲养动物健康而掺入饲料中的少量或微量的营养性或非营养性物质。由于蝇蛆具有较高的营养价值及药用价值，含有丰富的氨基酸和微量元素及多种活性成分（如抗菌蛋白、凝集素、粪产碱菌及磷脂等），因而可开发成具有较高附加值的氨基酸类和中药类饲料添加剂。

（三）蝇蛆蛋白与氨基酸的开发利用

家蝇的幼虫生长速度快，蛋白质含量高，含有极强的抗菌物质，因此是提取蛋白质和制备抗菌活性营养粉的理想原料。目前，已经开发出的抗菌活性营养粉和活性胶囊，其对机体机能衰退的老人及头痛病患者，厌食、呕吐、腹泻、胃肠功能紊乱等消化吸收不良者，糖尿病、肺结核、甲状腺功能亢进、白血病及各种癌症，长期发热等消耗性疾病患者，生长发育旺盛的婴幼儿、青春期以及孕妇和哺乳期妇女营养不良等均有具有明显疗效。蝇蛆的氨基酸组成比较合理，因此可用来制取水解蛋白和氨基酸。氨基酸可用来作药品，治疗一些由于氨基酸缺乏而引起的疾病，也可以加工成保健食品，或作食品强化剂，还可用于制造化妆品。

1. 蝇蛆蛋白质的提取

蝇蛆蛋白质的提取方法一般可分为碱法、盐法和酶法等 3 种。

①碱法提取蝇蛆蛋白。将蝇蛆虫浆或干粉，按一定比例加入氢氧化钠溶液，在一定温度条件下，处理一定时间后，离心去除虫渣。用 10% 盐酸调节 pH 到 4.5 左右，可见明显的沉淀析出。再经高速离心机离心 4 分钟后得到粗的含盐蛋白质。最后，将盐蛋白经透析得到去盐蛋白。

②盐法提取蝇蛆蛋白。将蝇蛆虫浆或干粉，按一定比例加入氯化钠溶液，在一定温度条件下，处理一定时间后，离心去除虫渣。用 10% 盐酸调节 pH 到 4.5 左右，可见明显的沉淀析出。再过高速离心机离心 4 分钟后得到粗的含盐蛋白质。最后，将盐蛋白经透析得到去盐蛋白。

③酶法提取蝇蛆蛋白质。将蝇蛆虫浆或干粉，按一定比例加入胰蛋白酶和蒸馏水，在高速离心机下匀浆 3 分钟。用 1% 的氢氧化钠溶液调节 pH 至 7，经过一定的酶解时间，一定的酶解温度。然后升温至 70℃杀酶 30 分钟，置冰箱中冷藏过夜。最后将虫渣过滤，在 80℃下烘干，得到粗蛋白。

2. 蝇蛆蛋白粉的制作

将蝇蛆经清理去杂、灭菌、烘干、粉碎，采用加盐法或加碱法使虫体蛋白质充分溶解，然后用等电点法、盐析法或透析法等方法，使蛋白质凝聚沉淀，再把沉淀物烘干，即得蝇蛆蛋白粉。

（四）蝇蛆脂肪酸的开发利用

蝇蛆脂肪是优质的油脂资源，富含不饱和脂肪酸。牛长缨、雷朝亮等用气相色谱分析家蝇蛆油、蛹油、成蝇油中脂肪酸的组成和含量，共鉴定出 10 种脂肪酸：豆蔻酸、棕榈酸、棕榈烯酸、硬脂酸、油酸、亚油酸、亚麻酸、花生酸、十五碳酸、十七碳酸，其中十五碳酸和十七碳酸是两种不多见的奇数脂肪酸，不饱和脂肪酸占多数。这说明蝇蛆脂肪是一种对动物，特别是对人类有益的脂肪。蝇蛆脂肪经加工纯化后可以直接食用，是一种具有特殊开发价值的较理想的食用脂肪。

蝇蛆体内脂肪的提取一般采用有机溶剂萃取法，即将蝇蛆干虫或干粉，按一定比例加入石油醚，在一定温度条件下，反复浸提处理，再将浸提液进行蒸馏分离，回收石油醚并获得蝇蛆粗虫油，进一步纯化得到精致虫油。提取蝇蛆脂肪时应注意，蝇蛆的初龄幼虫和中龄幼虫生长较快，新陈代谢旺盛，体内脂肪含量低，蛋白质含量较高。老熟幼虫和蛹体内脂肪含量较高，蛋白质含量相应较低。

（五）蝇蛆甲壳素、壳聚糖的开发利用

甲壳素是一种含氮多糖的高分子聚合物，是许多低等动物，特别是节肢动物（如昆虫、虾、蟹等）外壳的重要成分，也存在于低等植物（如真菌、藻类）的细胞中。甲壳素脱去分子中的乙酰基就转变为壳聚糖（chitosan），因其溶解性大为改善，常称之为可溶性几丁质。自然界每年合成的甲壳素估计有数十亿吨之多，是一种十分丰富的仅次于纤维素的自然资源。成品甲壳素是白色或灰白色，半透明片状固体，不溶于水、稀酸、稀碱和有机溶剂，可溶于浓无

机酸,但同时主链发生降解。壳聚糖是白色或灰色,略有珍珠光泽,半透明片状固体,不溶于水和碱溶液,可溶于大多数稀酸,如盐酸、醋酸、苯甲酸、环烷酸等并生成盐。

甲壳素资源丰富,制备较易,比纤维素有更广泛的用途。在医药方面,甲壳素具有消炎、抗菌、止血等功能,将甲壳素制成纤维作为缝合线,伤口愈合后不必拆线,自然融入人体;同时也可制成人造皮肤,促使伤口的愈合。此外,由于甲壳素与人体内的多余脂肪、残留的农药及代谢废物具有极强的结合能力,可以作为减肥食品和解毒药物,而对人体没有任何副作用。在食品工业中,壳聚糖作为无毒性的絮凝剂,处理加工废水;壳聚糖还可作为保健食品的添加剂、增稠剂、食品包装薄膜等。在纺织印染行业中,壳聚糖用来处理棉毛织物,改善其耐折皱性。在造纸上,壳聚糖作为纸张的施胶剂或增强助剂,提高印刷质量,改善机械性能及耐水性和电绝缘性能。此外,壳聚糖还可用来提取微量金属,作固定化酶的载体,制作膜,作固发、染发香波的添加物以及果蔬的保鲜剂等。在农业上,甲壳素可用于获取酵母蛋白(单细胞蛋白质);脱乙酰甲壳素因其具有强烈的吸水性和保水性,可作为种子包衣剂。在环保方面,甲壳素及其衍生物可以吸附重金属离子而用于污水处理,日本工业制备的甲壳素80%用于污水处理;另外,甲壳素还可以作为固定发型的化妆品、木材防腐剂等,总之甲壳素利用前景极为广阔,我国在此方面亟待开发。

1. 蝇蛆甲壳素的制备

蝇蛆成虫的骨骼、鞘翅,幼虫的表皮,蛹壳都是由甲壳素构成的。其工艺流程为:虫体酸浸→碱浸→脱色→还原→干燥→甲壳素。

2. 用蝇蛆甲壳素制备壳聚糖

甲壳素脱去分子中的乙酰基制备壳聚糖的主要方法有化学法、物理法和酶法。其工艺流程大致如下：蝇蛆成虫的骨骼、幼虫的表皮、蛹壳等都富含甲壳素。将其去蛋白、脂肪制备成甲壳素，再将甲壳素质进一步脱乙酰基得到可溶性的甲壳素，即壳聚糖。

（六）蝇蛆抗菌肽的开发利用

抗菌肽是昆虫细胞受到病原菌感染后，体内产生的一种能够抵抗大多数微生物侵染的一类小分子多肽，与传统的抗生素相比，具有分子量小、抗菌谱广、热稳定性好、抗菌机理独特等优点。家蝇的体表带有大量的病原菌，能够传播多种疾病，但其自身却不受这些病原菌影响，更不会因为病原菌感染引起家蝇的大量死亡，因此家蝇与其他昆虫和动物体相比，对病原微生物有着更为强大的免疫力，这种强大的免疫力正是由于家蝇体内外抗菌活性物质作用的结果。家蝇体内外的活性物质除了包括血淋巴受体外异物刺激而增加表达量的抗菌肽外，还包括凝集素，幼虫排放到体外有生物活性的分泌物，表皮中的甲壳素，以及存在于其他组织器官或代谢产生的粪产碱菌、有机化合物和尿囊素。近些年来，对蝇蛆抗菌肽的分类、结构特点、作用机理、诱变、活性检验以及分子生物学等方面的研究均取得了较大的进展。

1. 分类和结构特点

根据家蝇所抗菌种的不同，可将蝇蛆抗菌肽分为抗细菌肽、抗真菌肽和既能抗细菌又能抗真菌的抗菌肽三大类。根据氨基酸的组成和结构特征，可将蝇蛆抗菌肽分为 4 类：天蚕素类抗菌肽、昆虫防御素类抗菌肽、富含脯氨酸的抗菌肽、富含甘氨酸的抗菌肽。

（1）天蚕素类抗菌肽

分子量在4ku左右，它的特征是含有2个两性的α螺旋结构，不含半胱氨酸，也不具备二硫键，对革兰氏阴性菌和革兰氏阳性菌都有抗菌活性。

（2）昆虫防御素类抗菌肽

分子量为4ku，它的特征是含有半胱氨酸且形成二硫键，具有α螺旋和β折叠结构，对革兰氏阳性菌具有生物活性。

（3）富含脯氨酸的抗菌肽

分子量为2~4ku，由15~34个氨基酸组成，其中脯氨酸含量在25%以上，它们都带有正电荷，对革兰氏阴性菌有生物活性。

（4）富含甘氨酸的抗菌肽

分子量为10~30ku，它们的共性是一级结构中都富含甘氨酸，其中一些是全序列中富含甘氨酸，另外一些是某一结构域中富含甘氨酸，对革兰氏阴性菌有生物活性。

2. 作用机理

蝇蛆抗菌肽具有独特的作用机理，因而不易产生抗药性。有关蝇蛆抗菌肽抗菌机制的报道较多，但国内学者一致认为是蝇蛆抗菌肽以其疏水端插入细胞膜，并在膜上形成孔道，致使细胞内外渗透压改变，细胞内容物尤其是钾离子大量渗出，导致细菌死亡。具体过程如下：在水相和质膜交界面上，抗菌肽与脂质双层之间通过静电吸引而相互吸附；羧基端疏水区插入细胞膜中；抗菌肽分子中氨基端两亲性的α螺旋插入细胞膜中，多个抗菌肽分子聚在一起形成孔道，使细胞膜内外环境相通，造成物质泄漏和电化学势丧失，导致细胞死亡。

周义文等用损伤感染的方法诱导家蝇幼虫表达抗菌肽，通过层析和高效色谱技术纯化提取、平板法和稀释法测定其抗菌活性、电子扫描技术研究抗菌肽的抗菌机制的研究结果表明，在蝇蛆抗菌肽作用于细菌的过程中，菌体细胞膜出现破损和穿孔现象，蝇蛆抗菌肽的确是通过破坏细菌的细胞膜而杀伤细菌，这种作用机理与其他抗菌药物的作用机理不同，因而不易与其他药物产生交叉耐药性。

3. 诱导和活性检验

家蝇在受到外界刺激后，能产生大量的抗菌活性物质，但是家蝇对外界刺激的免疫应答不具有专一性，不同的诱导源，如物理的、化学的、生物的因子都能使家蝇产生抗菌肽，但不同的诱导源诱导产生的蝇蛆抗菌肽的抗菌谱及抗菌活性不尽相同。凌庆枝等通过采用不同的饲料来吸引天然家蝇产卵并用不同的饲料对家蝇幼虫进行人工培养，从而确定了种类及水分含量不同的饲料对天然家蝇产卵率及幼虫生长的影响，并分离纯化出两种抗菌肽（命名为MDL-1、MDL-2）；抗菌肽的抑菌活性检测结果表明，MDL-1对枯草芽孢杆菌的抑菌效果最强，大肠杆菌次之，金黄色葡萄球菌最差；MDL-2对大肠杆菌的抑菌效果最好，金黄色葡萄球菌次之，枯草芽孢杆菌稍差。许兵红等的研究表明，超声波处理可诱导家蝇产生抗菌物质，在诱导后 48 小时收集血淋巴液最为适宜。赵瑞君等用多种病原体及药物诱导家蝇产生抗菌肽，并把诱导产生的抗菌肽的部分样品进行加热，抗菌肽抗菌活性的检测结果表明所有抗菌肽样品均含有抗菌成分，但效果不一，证明不同的诱导源可产生的抗菌肽中含有不同的抗菌成分，加热后的部分抗菌成分被破坏。宫霞等采用大肠杆菌和金黄色葡萄球菌通过体壁损伤法诱导家蝇幼虫产生免疫血淋巴，经沸水浴热变性，透析浓缩处理，进一步分离纯化得到 3 种抗菌肽：MDL-1、MDL-2、MDL-3。三种抗菌肽的抗菌谱不同、对不同病原菌的抗菌活性不同、与链霉素及青霉素之间的抗菌协同关系因细菌种类不同而不同。翟培等运用志贺氏菌51302、鼠伤寒沙门氏菌50013、金黄色葡萄球菌6538分别针刺感染诱导家蝇幼虫表达抗菌肽，发现不同微生物诱导产生的蝇蛆抗菌肽具有广谱抑菌性，但不同微生物诱导产生的蝇蛆抗菌肽对不同病原菌的抑菌活性有差异。总之，不同的诱导源，不同的诱导时间诱导产生的不同抗菌谱、不同抗菌活性的家蝇抗菌肽的研究成果，可为制定适当的诱导方案，从而获得目的抗菌蛋白提供借鉴。

4. 应用前景

目前病原微生物对抗生素耐药的现象日趋严重，耐药谱不断扩大，耐药水平不断提高，严重影响了临床抗感染的治疗效果，人们一方面积极进行耐药菌耐药机制的研究，另一方面积极寻找不同于抗生素作用机制的新的抗微生物药物，因而抗菌肽的研究已经成为人们关注的热点。日本和美国已投巨资正在积极研究开发天然抗菌肽，把昆虫特别是蝇资源开发列为高新技术产业，而我国在该领域的研究还处在起步阶段。迄今为止，国内外学者在双翅目蝇类中的肉蝇、绿蝇、果蝇、地中海实蝇、厩螫蝇、家蝇中分离到不同抗菌活性的抗菌肽。其中，蝇蛆抗菌肽具有较稳定的理化性质，能耐受极端温度，经 $-20{}^{\circ}\text{C}$ 冷冻或 $100{}^{\circ}\text{C}$ 沸水浴处理后，抗菌肽的生物活性变化不大；能耐高浓度盐溶液和较极端的 pH 溶液。蝇蛆抗菌肽水溶性好，呈碱性，具有广谱的抗菌活性，可抑制多种细菌、真菌、病毒及肿瘤癌细胞，但并不损伤正常的体细胞，无毒副作用。因此，对其进行深入研究开发将对医药、食品防腐剂、日用化工、国防、环保、农业等诸多领域具有重要的促进作用。

（七）尿囊素的用途及提取

蝇蛆能分泌尿囊素（allantion），这是蝇蛆净化环境、消灭细菌的重要产物。早已证明在蝇蛆体内有尿酸的积累，当蝇蛆接触食物时尿酸分泌出来，经尿酸氧化酶的作用生成尿囊素。因此，养殖废料中含有大量的尿囊素。尿囊素是医治皮肤伤口恶性化脓的消毒剂。现代科学已证明，尿囊素作为一种皮肤脓疮的消毒剂，可用于伤口及溃疡，治疗骨骼炎等。日本人从家蝇的分泌物中提取了一种具有强大杀菌作用的"抗菌活性蛋白"，并发现有一种抗癌蛋白。1993 年中国农业大学张文吉教授等从家蝇幼虫饲料的残渣中提取出对棉花枯萎病、立枯病，苹果软斑病，红麻炭疽病等病菌有抑制作用的生物活性物质。

（八）蛆虫粪的利用

经蝇蛆处理后的畜禽粪便，是农作物的优质有机肥。据俄罗斯报道，蝇蛆处理 1 吨猪粪，可得蛆粪 500 千克。用蝇蛆处理猪粪，猪粪中原有的杂草种子被蛆吃掉了，不再回到地里危害庄稼。用蛆粪做肥料，土壤可摆脱使用化肥带来的土壤板结、物理性质恶化、肥力下降等问题。在 1 公顷土地上施用 20 吨蛆粪的情况下，与施用全套化肥相比，燕麦增产 20%，燕麦和豆类套种增产 18%，与单施磷钾化肥相比，燕麦增产 57%，燕麦和豆类的套种最为惊人，与施全套化肥比增产 68%，与施磷钾化肥比增产 96%，但是土豆增产不大。据报道，感染根结线虫的土壤或植株，施用家蝇幼虫饲料残渣及其浸渍液，能显著减少线虫虫口密度，并使病株对病虫害抗性提高，明显促进生长。用 1：4 浓度浸渍液直接处理多种植物线虫成虫和根结线虫幼虫，4~5 天可致线虫死亡，这与饲料残渣中含有蝇幼虫分泌物及其蜕的皮等甲壳素物质有关。蝇幼虫饲料残渣既具有优质有机肥的特点，又可防治病虫害，促进植物生长。另外，可利用蛆粪培育蚯蚓。蚯蚓是杂食性动物，蛆粪经发酵处理可以用来养蚯蚓。

参 考 文 献

彩万志，庞雄飞，花保祯，等，2004．普通昆虫学 [M]．北京：中国农业大学出版社．

范兹德，1997．中国动物志·昆虫纲·第六卷·双翅目·丽蝇科 [M]．北京：科学出版社．

何凤琴，2008．蝇蛆养殖与利用技术 [M]．北京：金盾出版社．

胡萃，2000．法医昆虫学 [M]．重庆：重庆出版社．

雷朝亮，1992．家蝇产卵节律的初步研究 [J]．动物学研究（4）：110–111．

李漠，2009．浅谈蝇类在多领域的开发及利用 [J]．科技创新导报（21），206–207．

李顺才，2011．蟾蜍养殖新技术 [M]．武汉：湖北科学技术出版社．

刘凌云，2008．普通动物学 [M]．3 版．北京：高等教育出版社．

刘玉升，何凤琴，2011．蝎子·家蝇 [M]．北京：中国农业出版社．

娄国强，吕文彦，2006．昆虫研究技术 [M]．成都：西南交通大学出版社．

马红霞，孙娜，裴志花，等，2007．家蝇抗菌肽的研究进展 [J]．中国兽药杂志，41（11）：45–49．

潘红平，彭正团，2011．蝇蛆高效养殖技术一本通 [M]．北京：化学工业出版社．

昝明财，罗小兰，2007．养蛆设施——养蛆池的改进 [J]．畜牧兽医杂志，26（3），91．

唐金陵，2007．家蝇原种群的建立及其性状初步测定 [J]．江苏农业科学（3）：183–185.

魏永平，聂晓尼，2000. 家蝇种群产卵规律及基质含水量对卵发育的影响 [J]. 西北农业学报，9（2）：71–74.

孙刚，房岩等，2002. 家蝇幼虫中试生产中饲料和种蝇密度对产卵力的影响 [J]. 昆虫学报，45（6）：847–850.

孙刚，王振堂，宋榆钧，1999. 家蝇幼虫集约化生产的初步研究 [J]. 应用生态学报，10（2）：221–224.

魏朝明，孔光耀，郭丽娟，等，2006. 家蝇行为谱的初步建立 [J]. 陕西师范大学学报（自然科学版），34（3）：77–79.